Thomas Fritzsche

Wer hat den Ball?

Rise up this mornin',
Smiled with the risin' sun,
Three little birds
Pitch by my doorstep
Singin' sweet songs
Of melodies pure and true,
Saying', »This is my message to you«

Bob Marley

Für meine Eltern, Ruth und Michael Fritzsche

Thomas Fritzsche

Wer hat den Ball?

Mitarbeiter einfach führen

HERDER

FREIBURG · BASEL · WIEN

2. Auflage 2020

Umschlaggestaltung: total italic, Amsterdam/Berlin
Umschlagmotiv: © MSSA / shutterstock
Autorenfoto: © privat
Satz: Daniel Förster, Belgern
PBtisk a.s, Příbram

Printed in Czech Republic

ISBN 978-3-451-61374-6

Inhalt

Schicksal einer Führungskraft

Martin Dampf hat ein Problem. Er ist seit fast fünf Jahren Führungskraft, und er liebt seinen Job. Dennoch macht es ihm immer weniger Spaß, zur Arbeit zu gehen. In einer stillen Stunde gesteht er sich ein, dass das zu einem großen Teil an seinen Mitarbeitern liegt. Nicht an allen: Er hat einige Spitzenleute, auf die er sich verlassen kann. Aber der größte Teil seiner Mannschaft, denkt er, ist entweder erschreckend dumm oder erschreckend unselbstständig. Vielleicht sogar beides.

Martin hörte zu Beginn seiner Führungstätigkeit oft, wie die erfahrenen Führungskräfte über ihre Mitarbeiter sprachen: Sie seien dumm, faul, unselbstständig, nur auf ihren Vorteil bedacht. Damals nahm er sich vor, niemals so über seine eigenen Mitarbeiter zu reden. Nicht einmal so denken wollte er. Doch jetzt erwischt er sich dabei, genau das zu tun. Martin Dampf erschrickt dann über sich selbst, und manchmal kommen ihm Zweifel. Ob es doch stimmt? Ob er zu idealistisch war, und die Wirklichkeit sieht einfach so traurig aus? Er weiß es nicht. Aber er weiß, dass er oft erschöpft nach Hause kommt. Und er spürt, dass das nicht an seinem 10-Stunden-Tag liegt: Er arbeitet noch immer gerne in seinem Beruf. Was ihn auslaugt, sind die immer gleichen Diskussionen mit den immer gleichen Personen.

Wenn er mit anderen Führungskräften darüber spricht, nicken sie. Fast alle kennen und bestätigen seine Probleme. Oft muss man etwas fünfmal anordnen – und nach vier bis fünf Wochen wieder. Viel zu viele Mitarbeiter denken einfach nicht mit. Sie sind offensichtlich passiv und unselbstständig.

In meiner Tätigkeit als Trainer und Coach für Führungskräfte habe ich schon viele Herren und Frauen Dampf kennen gelernt. Wenn ich am Morgen des ersten Seminartags zum Thema »Mitarbeiterführung« frage, was die Teilnehmer von den Seminartagen erwarten, lauten ihre häufigsten Wünsche:

»Ich wüsste gerne, was ich mit einem Mitarbeiter machen soll, dem ich alle paar Wochen alles Mögliche wieder von vorn erklären muss.«

Und:

»Wenn Sie mir einen Weg zeigen können, wie ich meine Leute zu selbstständigem Denken und Handeln anregen kann, dann hat sich das Seminar für mich gelohnt.«

Ich lasse an dieser Stelle die Seminarteilnehmer gerne schätzen, wie viel Zeit pro Tag und Woche sie einsparen würden, wenn diese beiden grundsätzlichen Probleme gelöst wären: »Eine Stunde am Tag mindestens!«, sagen dann viele. Andere sprechen sogar von *bis zu zwei Stunden am Tag* Zeitersparnis.

Dieses Buch handelt davon, wie Martin Dampf lernt, so zu führen, dass einmal erklären genügt. Es zeigt, wie er seine Gespräche so führt, dass seine Mitarbeiter ein hohes Maß an Selbstständigkeit entwickeln. Es handelt davon, drei Regeln zu beachten, damit Führen leichter wird und richtig Spaß macht.

Diese drei Regeln haben einen Dominoeffekt. Denn wer kluge und selbstständige Mitarbeiter hat, ist per se zufriedener mit seiner Tätigkeit. Die Führungskraft spart Zeit, die sie oder er für andere Aufgaben einsetzen kann. Das wird sie oder ihn mittelfristig erfolgreicher machen. Gleichzeitig kommt sie oder er früher und entspannter nach Hause – und hat mehr vom Privatleben.

> Mehr Erfolg. In kürzerer Zeit. Mit mehr Spaß.

Darum geht es in diesem Buch.

Im Wesentlichen geht es darum, wer den Ball hat.

Thomas Fritzsche
Ranstadt, im Sommer 2015

Vergesslich und unselbstständig

Martin Dampf arbeitet seit über fünfzehn Jahren im Einzelhandel und ist seit bald zehn Jahren Führungskraft. Zuerst war er Abteilungsleiter im Foodbereich, seit drei Jahren ist er Hausleiter eines Marktes mit 2500 Quadratmetern Fläche und insgesamt 85 Mitarbeitern. Martin liebt seinen Job. Er mag es, mit Menschen zu arbeiten, sowohl mit den Kunden als auch mit seinen Mitarbeitern. Dennoch bemerkt er seit einigen Jahren zunehmende Verschleißgefühle. Er fühlt sich oft müde, muss sich manchmal überwinden, morgens aufzustehen. Martin ist jung, er möchte noch einige Schritte auf der Karriereleiter hinaufsteigen – und hat doch bereits das Gefühl, energiemäßig enorm nachzulassen. Sind das schon Zeichen eines Burnout? Aber warum?

Martins Frau Hannah arbeitet als Coach, seit fünf Jahren bildet sie auch andere Leute zum Coach aus. Natürlich hat sie die Veränderungen an ihrem Mann bemerkt. Als er Montagfrüh beim Frühstück wieder einmal stöhnt, weil er gleich zur Arbeit muss, fragt sie nach: »Was ist denn nur los?«

»Es nervt!«, sagt Martin, während er seine Jacke anzieht.

»Und was?«, will Hannah wissen.

»Alles!« Martin macht eine wegwerfende Handbewegung und geht.

Hannah wäre kein guter Coach, wenn sie das Thema nicht wieder anschneiden würde: »Was ärgert dich denn am meisten auf der Arbeit?«, fragt sie in einem ruhigen Moment am nächsten Wochenende.

»Einfach alles. Die Mitarbeiter, die ganze Bürokratie bei uns, man hat zu nichts mehr Zeit und soll doch gestalten, den Umsatz ankurbeln und so weiter!«

Hannah nickt: »Okay. Und wenn du von allem nur eine einzige Sache verändern könntest, welche wäre das dann?«

»Das ist eine typische Coachingfrage«, stöhnt Martin. »Na gut, wenn du eine gute Fee wärst, würde ich sagen: Ich hätte gerne, dass ich nicht Dreiviertel der Mannschaft alle paar Wochen alles wieder von vorn erklären müsste. Und auch, dass die Leute freiwillig ihr Hirn benützen würden!«

»Das waren eigentlich zwei Wünsche, aber die hängen ja wahrscheinlich eng zusammen. Du meinst also, wenn diese beiden Punkte erfüllt wären, dann wäre dein Leben als Führungskraft leichter?« Martin überlegt und nickt: »Definitiv!«

Wenn Martin nicht den halben Tag damit beschäftigt wäre, irgendwas noch mal zu erklären, was er demselben Menschen schon zehnmal gesagt hat, und wenn die Leute grundsätzlich mehr mitdenken würden, dann wäre das ein riesengroßer Gewinn an Zeit, erklärt er Hannah. Dann würde ihn auch die Bürokratie im Unternehmen nicht mehr so stören, denn er hätte deutlich mehr Zeit, auch die administrativen Dinge zu erledigen. Und wenn die Mitarbeiter selbstständiger und klüger wären, könnte er mehr delegieren und hätte auch da noch mal Zeit und Nerven gespart.

Coaching in der Familie ist keine gute Idee

Hannah denkt einen Moment nach: »Habe ich das richtig verstanden? Deine Leute sind so vergesslich, dass du ihnen alles immer wieder neu erklären musst? Und mitdenken können oder wollen sie auch nicht?« Ihr Mann nickt. »Martin, erinnerst du dich noch: Vor zwölf Jahren hast du über deinen damaligen Chef den Kopf geschüttelt, weil der eine menschenverachtende

Einstellung gegenüber seinen Leuten hatte. Und hast dir geschworen, dass du das als Führungskraft selbst ganz anders angehen würdest – und heute sagst du, deine Leute sind vergesslich und blöd? Herzlichen Glückwunsch!«

»Ich habe nicht vergesslich und blöd gesagt«, verteidigt sich Martin. »Und ich habe auch nicht gesagt, dass alle so sind. Zum Glück habe ich auch zwei Topleute – ohne die wäre ich komplett aufgeschmissen.«

Hannah unterdrückt ein Lächeln – sie merkt, wie gereizt ihr Mann bei diesem Thema reagiert, und will ihn nicht noch weiter provozieren. Sie fragt betont neutral weiter: »Das ist ja sehr interessant – was machst du bei diesen Topleuten anders als beim anscheinend so beschränkten Rest?«

Aber auch so war das eine Frage zu viel, Martins Geduld ist zu Ende. »Lass mich mit diesen Coachingfragen in Ruhe! Es ist Sonntag, ich will meine Ruhe haben, und ich habe keine Lust, dein Klient zu sein! Außerdem haben dieses Problem fast alle Führungskräfte, die ich kenne, es kann also überhaupt nicht an mir liegen!«

Hanna rudert zurück: »Du hast recht – Coaching und Beratung in der Familie geht nicht. Sorry, ich hab mich hinreißen lassen, weil ich gesehen habe, wie gestresst du in der letzten Zeit wirkst. Lass uns das Thema wechseln.«

Später am Tag legt Hannah einen Zettel mit einer Webadresse auf Martins Schreibtisch. »Erinnerst du dich an den besten Coachinglehrer, den ich je hatte: Steve Wilhelm?«, fragt sie Martin. »Er gibt keine Kurse mehr, aber ich habe gehört, dass er seine besondere Form des Kurzzeitcoachings gerade für Führungskräfte immer weiter perfektioniert hat. Eine Stunde bei Steve kann mehr bewirken als fünf Jahre Therapie, probiere das doch mal!«

Steve Wilhelm, aus Bayern, denkt sich Martin. Hatte ihm Hannah nicht zwanzigmal erzählt, er sei der schönste Mann, den sie je gesehen hatte? Na herzlichen Dank, darauf hatte er definitiv keine Lust.

Der teuerste Coach Europas

Dreieinhalb Wochen später. Martin sitzt an seinem Laptop und hat die Website von Steve Wilhelm aufgerufen. Eigentlich hatte er Hannahs Zettel weggelegt, aber die vergangene Arbeitswoche war wieder so nervenaufreibend, dass er ihn heute hervorgeholt hat. Man kann ja mal nachschauen, denkt er.

Ganz schön provokant, was da gleich auf der Startseite steht:

> *»Die Hälfte Ihrer Mitarbeiter hat offenbar Alzheimer, und auch die andere Hälfte hat das Denken verlernt?«*

Andererseits bringt es Martins Thema auf den Punkt. Er liest weiter.

> *»Ich kann Ihnen weiterhelfen. Eine Stunde Coaching genügt, um dieses Problem zu verändern. Es geht darum, zu klären, wer den Ball hat.«*

Ein Scharlatan. Ganz klar. Martin schnaubt empört: Eine einzige Stunde für dieses Thema! In dieser Zeit hat man das Problem noch nicht mal in Ruhe besprochen, und schon gar nicht nach Ursachen gesucht. Erstaunlich, dass Hannah früher von so jemandem so geschwärmt hat! Okay, er sieht gut aus, ein umwerfendes Lächeln. Aber dass bei seiner Frau deshalb gleich jede Urteilsfähigkeit verloren geht? So kennt er sie gar nicht. Und was soll der Quatsch mit dem Ball?

Stirnrunzelnd liest er weiter:

> *»Da ich nicht mehr gern reise und Sie ganz bestimmt wenig Zeit haben, findet das Coaching grundsätzlich am Telefon statt. Sie benötigen also ein Telefon, dazu eine schnelle Internetverbindung und eine Videokamera.«*

Das klingt hingegen vernünftig. Da kann ich letzten Endes nicht viel falsch machen, denkt Martin. Überschaubarer Aufwand von einer Stunde, telefonieren – und wenn es nichts bringt, ist wenigstens Steve Wilhelm entzaubert! Apropos Aufwand – wo steht denn, was der Spaß kosten soll? Martin klickt auf »Honorar« – und ihm bleibt die Luft weg.

Fünf? Tausend?

Martin klickt noch einmal, dann löscht er die Seite, schließt seinen Browser, öffnet ihn wieder, sucht die Seite, klickt auf »Honorar«, und da steht es immer noch: »Wo ist der Ball-Coaching« kostet 5.000 Euro. Netto. Der Typ muss verrückt sein. Martin klappt sein MacBook zu.

»Dein alter Coach ist größenwahnsinnig geworden. Ich wette, er hat das noch kein einziges Mal verkauft!«, sagt er abends beim Essen zu Hannah.

»Soweit ich weiß, ist er ausgebucht«, antwortet sie trocken. »Allerdings will er als Rentner höchstens zwei bis drei Stunden im Monat arbeiten, insofern ist ausgebucht ein relativer Begriff. Dieses spezielle Coaching macht er wohl nur noch zum Spaß.«

Martin ist baff: »Du willst mir doch nicht im Ernst erzählen, dass er jeden Monat zwei oder drei neue Idioten findet, die ihm eine solche Summe bezahlen?«

»Schau dir doch seine Referenzen an.« Hannah schiebt sich noch eine Gabel Spaghetti in den Mund.

Die Referenzen hatte Martin tatsächlich nicht gesehen. Er hatte den Link zum Honorar sicher zehnmal angeklickt, er hatte versucht zu erkennen, ob das vielleicht der Preis für eine Woche oder wenigstens für einen Tag war. Aber er kam immer wieder zum gleichen Ergebnis: Dieser Mann verlangt 5.000 Euro *für eine Stunde Coaching*. Mehr wollte Martin dann nicht mehr wissen. Diese schwierigen Probleme in einer Stunde lösen zu wollen war ihm schon als unseriös erschienen – dafür 5.000 Euro zu verlangen war der Gipfel der Frechheit.

Während er später mit Hannah auf dem Sofa sitzt und fernsieht, kann sich Martin nicht richtig auf den Film konzentrieren. Ein paar Gedanken gehen ihm nicht aus dem Kopf: Menschen, die 5.000 Euro für eine Stunde Coaching bezahlen, müssen zu den dümmsten Leuten dieser Republik gehören, ist der erste Gedanke. Und dann kommt ein zweiter Gedanke: Diese Trottel würden doch wahrscheinlich keine 5.000 Euro haben! Zwischen diesen beiden Gedanken schwankt er, und gelegentlich kommt noch ein dritter dazu: Wenn Steve Wilhelm jemanden finden würde, der dumm genug wäre, die Summe zu bezahlen, dann würde sich doch diese Person hinterher für die eigene Dummheit so sehr schämen, dass sie auf keinen Fall als Referenz auf einer solchen Homepage auftauchen wollte!

Das lässt Martin keine Ruhe. In einer Werbepause geht er ins Arbeitszimmer zum MacBook zurück und ruft die Seite ein weiteres Mal auf. Er klickt auf »Referenzen« und liest sechs verschiedene positive Feedbacks. Als er die Namen der Referenzgeber liest, bleibt ihm der Mund offen stehen: Vier dieser Namen kennt er aus dem Wirtschaftsteil der FAZ!

Während Hannah aus dem Wohnzimmer »Es geht weiter!« ruft, klickt Martin nochmals auf das Menü »Honorar« und sieht dort einen Link. Er klickt ihn an, und ein Fenster poppt auf:

> *»Über dieses Honorar wird nicht verhandelt. Ich garantiere Ihnen jedoch: Sollten Sie am Ende dieser Stunde mit meiner*

Leistung nicht zufrieden sein, müssen Sie mir keinen Cent überweisen. Und sollten Sie am Ende der Stunde meinen, dass Sie noch mehr Coachingzeit zu dem genannten Problembereich benötigen, so stelle ich Ihnen diese zusätzliche Zeit unbegrenzt und kostenlos zur Verfügung.«

Martin hört nicht, dass Hannah nach ihm ruft. Er liest diesen Text wieder und wieder durch und versucht, wie ein Jurist zu denken: »Wo ist der Trick? Durch welche Hintertür schlüpft der Typ? Er wird dieses Problem nicht in einer Stunde lösen. Also wird er auch niemals einen Cent bekommen! Sind deshalb die Referenzen so positiv? Aber das ergibt doch alles keinen Sinn!«

In dieser Nacht liegt er lange wach. Nur sein Stolz hält ihn davon ab, seine Fragen mit Hannah zu besprechen. Als er einschläft, ist es weit nach Mitternacht.

Aprilscherz, Fake – oder echt?

Zwei Tage später trifft Martin im Fitnesscenter einen Freund. Pitt ist kein Manager, er ist ein Gemütsmensch, immer tiefenentspannt. Wenn Pitt frei hat, segelt er um die Welt. Pitt fragt, wie es Martin geht, und der schildert ihm seine Situation bei der Arbeit und wie ihn Hannah auf diese Seite von Steve Wilhelm gebracht hat. Vor allem erzählt er ihm vom unglaublichen Honorar, nennt die Namen der Vorstände, die sich öffentlich für Wilhelms Qualität aussprechen. Und dann diese unglaublich selbstbewusst klingende Ausstiegsklausel! »Ich finde einfach nicht heraus, wo der Haken ist«, schließt er seine Ausführungen ab.

»Es bleiben doch genau zwei Möglichkeiten«, sagt Pitt nach kurzem Schweigen. »Entweder es ist eine Art von Aprilscherz, die Seite ist ein Fake, der Mann existiert gar nicht – oder es gibt Leute, die ihn schon gesehen haben und die ihn gut finden.«

»Selbst wenn er die Namen der Referenzgeber ohne deren Wissen benutzt – Hannah kennt ihn, sie hat ihre erste Ausbildung bei ihm gemacht. Es gab damals kein Ausbildungswochenende, nach dem sie nicht von ihm geschwärmt hätte!«

»Okay«, fasst Pitt zusammen, »wenn es ihn also gibt und wenn Hannah und vielleicht einige Wirtschaftsbosse ihn gut finden, läuft es auf die Frage hinaus: Was hast du zu verlieren?«

»5.000 Euro!«, ruft Martin.

»Wenn du nicht zufrieden bist, musst du ja nichts bezahlen«, erinnert ihn Pitt »Und falls du denkst, dass er die Ausstiegsklausel zurückzieht, lass dir das doch zuerst per Post und mit echter Unterschrift bestätigen. Dann ist das wasserdicht.« Nach kurzem Nachdenken fügt Pitt hinzu: »Letzten Endes läuft es auf eine einzige Frage hinaus, und die kannst nur du selbst beantworten.«

»Und die wäre?«, fragt Martin verblüfft.

»Also, *falls* der Typ echt ist und *falls* seine Ball-Methode funktioniert: Ist dein Problem mit den Mitarbeitern für dich so zentral, dass dir seine Lösung 5.000 Euro wert ist?«

Martin schläft eine Nacht darüber und schickt Steve Wilhelm am nächsten Morgen eine E-Mail, in der er um die schriftliche Zusicherung der Ausstiegsklausel bittet. Einen Tag später liegt sie bereits in seinem Briefkasten, als Teil einer schriftlichen Coachingvereinbarung. In doppelter Ausführung. Von Steve Wilhelm unterschrieben. Sogar mit Rückumschlag. Martin denkt weitere 24 Stunden darüber nach, aber er findet keinen Fehler in Pitts Logik: Er hat nichts zu verlieren, und wenn die Methode wirklich sein Arbeitsleben so wesentlich verändern würde, wäre es ihm dieses Geld wert. Er unterschreibt ein Exemplar, schüttelt noch einmal den Kopf und sendet es zurück. Einige Tage später bittet er Wilhelm per E-Mail um einen Termin.

Nicht am Stück – in Scheiben

Postwendend erhält er eine freundliche E-Mail zurück, in der neben herzlichen Grüßen an Hannah und einigen Terminvorschlägen Folgendes steht:

> *»Ein wichtiges Merkmal meiner Coachingmethode besteht darin, dass ich die Coachingstunde zum Thema ›Wer hat den Ball?‹ nicht an einem Stück durchführe. Ich biete Ihnen vielmehr insgesamt sechs Einheiten von jeweils zehn Minuten Dauer an.«*

Martin ist erneut perplex: Was soll man denn in zehn Minuten besprechen? Da hat man doch als Kunde oder Klient noch nicht einmal das Problem geschildert! Er liest weiter.

> *»Natürlich kenne ich Ihre Mitarbeiter nicht, aber ich kenne Ihr Problem. Das Coaching, zu dem Sie sich angemeldet haben, soll ja die Lösung sein für ›Eine Hälfte hat Alzheimer, und auch die anderen denken nicht nach‹. Ich gehe deshalb davon aus, dass Ihr Problem darin besteht, dass Sie mit vergesslichen und unselbstständigen Mitarbeitern zu tun haben.«*

Hm, stimmt, denkt Martin, also vereinbare ich jetzt einen Termin für ein zehnminütiges Gespräch, das mich knapp 1.000 Euro kosten wird. Martin merkt, wie er schon wieder den Kopf schüttelt, schreibt seinen Wunschtermin in die E-Mail und klickt auf »Senden«.

Lektion 1: Die Therapie muss zum Patienten passen

»Guten Morgen, Herr Dampf! Ich freue mich, Sie persönlich zu hören. Wie geht es Hannah?«

»Guten Morgen, Herr Wilhelm. Hannah geht es gut, und ich soll Sie auch sehr herzlich grüßen – ich möchte aber sicher nicht für 1.000 Euro über Hannah plaudern! Welche unglaubliche Lösung haben Sie mir denn für meine passiven, vergesslichen Mitarbeiter zu bieten?«

Steve Wilhelm lacht: »Sie hören das Taxameter ticken – das kann ich verstehen. Zeit ist Geld, oder? Keine Sorge, ich werde nicht nach exakt 600 Sekunden abrupt auflegen. Kommen wir also direkt zum Thema, Sie haben völlig recht. Meine Coachingmethode spiegelt genau das wider, was ich auch inhaltlich zu sagen habe. Das bedeutet, dass ich Ihnen keine fertige Lösung präsentiere, die Sie fleißig mitschreiben, als wären wir Lehrer und Schüler. Das bedeutet vielmehr, dass ich Sie mit verschiedenen Strategien dabei unterstützen werde, die Lösung für Ihre Schwierigkeiten selbst zu finden. Viele Strategien haben damit zu tun, dass ich Ihnen gezielte Fragen stellen werde. Ein sehr berühmter Mann hat dieses Vorgehen einmal vor langer Zeit als »Hebammenkunst« bezeichnet.[1] Kommen wir also zum Kern: Ihre Mitarbeiter vergessen immer wieder, was sie eigentlich wissen müssten, und das zwingt Sie dazu, das gleiche Thema wieder und wieder zu erklären. Stimmt das so?«

1 Benson, 2011, vgl. Literaturliste im Anhang

»Nicht alle Mitarbeiter, aber für eine größere Zahl muss ich zugeben: Ja, das stimmt.«

»Okay, dann will ich Ihnen eine erste, sehr wichtige Frage stellen: Woran erkennen Sie, dass ein Mitarbeiter wieder vergessen hat, was er doch eigentlich wissen sollte?«

Martin wird von widerstreitenden Gefühlen beherrscht. Ein Teil von ihm verharrt in einer Protesthaltung, weil er sich noch nicht damit abgefunden hat, dass er einen teuren Deal mit einem Scharlatan abgeschlossen hat. Ein anderer Teil seiner Person hat sich über die Grüße an Hannah geärgert und ist eifersüchtig. Außerdem registriert er, dass Wilhelm auch zu ihm sehr herzlich ist – sein Ego freut sich darüber, was sein Verstand wiederum zynisch kommentiert, schließlich habe er ja auch sehr viel Geld bezahlt. Und die Bemerkung über die Hebamme hat er nicht ganz kapiert, das ging zu schnell. Schließlich wollte er eigentlich meckern, dass er für so viel Geld gar keine Antworten bekommt, sondern nur Fragen.

Aber nun steht die Frage im Raum, und er wollte schon immer gerne ein guter Schüler sein. Daher konzentriert er sich, schiebt sein inneres Chaos beiseite und sagt: »Das erkenne ich natürlich daran, dass der Mitarbeiter eine Aufgabe, die er erledigen soll, plötzlich nicht mehr erledigt. Das kommt leider viel zu oft vor.«

Führungsfehler

»Und Sie denken, daran erkennt man, dass er nicht mehr weiß, wie die Aufgabe gemacht werden soll?«

Tief in seinem überladenen Kopf ahnt Martin, dass er einen Denkfehler gemacht hat. Er kann ihn aber nicht sofort greifen, und Wilhelm lenkt ihn mit seiner nächsten Frage ab: »Wir lassen die Antwort einmal offen, lieber Martin – darf ich Martin sagen? Sie können Steve sagen. Also, was genau tun Sie, wenn

Sie denken, Ihr Mitarbeiter hat die Regeln oder Aufgaben vergessen?«

Jetzt soll er den anderen auch noch mit Vornamen nennen? So nah erlebt Martin ihre Beziehung nicht. Er atmet tief durch: »Ich rufe ihn zu mir und erkläre ihm noch mal von vorn, worauf es ankommt. Ich sage ihm, worauf er achten soll und wie er im Einzelnen vorzugehen hat.«

»Das dachte ich mir. Das ist einer der häufigsten Führungsfehler. Ich weiß nicht, Martin, ob es Sie tröstet, wenn ich Ihnen sage, dass Sie sich damit in bester Gesellschaft befinden? Sehr viele Führungskräfte machen das genau wie Sie, aber es ist trotzdem einfach falsch.«

Das war's dann wohl mit dem guten Schüler – aber darf ein guter Coach so platt sagen, etwas sei so komplett falsch? Während Martin mit seiner Frustration kämpft, spricht Steve Wilhelm weiter: »Überlegen wir mal, wo die Stolperstelle liegt. Dazu möchte ich Ihnen mit wenigen Worten den wichtigsten Teil eines Modells schildern, das sich ein anderer kluger Mann ausgedacht hat. Ein Kerngedanke von Ken Blanchard[2] lautet, dass es enorm wichtig ist, seinen Führungsstil jeweils dem Entwicklungsstand des entsprechenden Mitarbeiters anzupassen. Eine klare Botschaft, an und für sich banal – aber viel zu wenig Führungskräfte setzen diesen Grundgedanken um. Blanchard unterscheidet zwei Gründe für einen mangelhaften Entwicklungsstand des Mitarbeiters. Können Sie sich vorstellen, welche das sind?«

»Blöd und doof?« Martin rutscht das einfach so heraus, er ist noch etwas gestresst durch diesen schnellen Wechsel aus Erklärungen und Fragen. Steve lacht: »Ja, nicht schlecht. Blanchard würde das etwas vornehmer mit fehlender Kompetenz ausdrücken. So etwas liegt ja nicht unbedingt am Grips, sondern daran, dass man etwas noch nicht gelernt hat. Prima, da haben

---

2 Hersey & Blanchard, 1982

Sie also einen der beiden Gründe schon erwischt. Und was machen Sie als Führungskraft, wenn Sie merken, dass einem Ihrer Mitarbeiter die Kompetenz fehlt?«

»Na, ich erkläre ihm, worauf es ankommt. Ich zeige, wie es geht. Ich schicke ihn zur Not zu einer Schulung oder gebe ihm fachliches Coaching. Je nachdem, welches Thema es ist und wie viel Zeit ich selbst auch gerade habe.«

»Ausgezeichnet! Halten wir also fest: Wenn Sie merken, dass einem Mitarbeiter zu einem bestimmten Thema noch die Kompetenz fehlt, dann erklären Sie ihm, entweder selbst oder mithilfe von anderen, wie die Aufgabe geht, richtig?«

»Ja, genau.«

Martin entspannt sich zum ersten Mal in diesem Gespräch etwas, aber Steve Wilhelm ist schon beim nächsten Gedanken angekommen: »Das ist ja auch das, was Sie mit Ihren Leuten machen, wenn die nach ein paar Wochen wieder vergessen, was sie tun sollen, oder? Sie rufen sie zu sich und erklären noch einmal von vorn, was sie in welcher Art und Weise tun sollen?«

»Ja klar – das hab ich doch vorhin schon gesagt.«

»Gut. Lassen Sie es mich auf den Punkt bringen: Wie wahrscheinlich ist es denn, dass ein Mitarbeiter etwas, was er wochenlang schon gut konnte, nicht mehr kann? Dass er etwas, was er wochenlang wusste, nicht mehr weiß? Hier ist ein riesengroßer Denkfehler, hier denken viele Führungskräfte den Gedanken nicht zu Ende. Noch mal: Mitarbeiter Meier räumt in der Spätschicht drei bis vier Wochen lang die Regale korrekt ein, er zieht die alte Ware nach vorn, schließt die Lücken, räumt die neue Ware hinter die alte ins Regal – richtig? Plötzlich stellen Sie fest, dass er die neue Ware vorn einräumt statt hinten, und denken sich ›Hoppla! Da hat der Meier doch glatt vergessen, wie man das macht, das muss ich ihm also noch mal neu erklären!‹«

»Ja … nein, na ja, vielleicht nicht bei dem einfachen Beispiel …«, stottert Martin. Woher kennt sich Steve so gut im Handel aus? Und tatsächlich: Erst vorgestern hat Martin wieder gesehen, dass 15 Packen altes Toastbrot hinten im Regal gammelten, während vorn der frische Toast platziert war – und dann hat Martin dem entsprechenden Mitarbeiter einen Vortrag darüber gehalten, wie er es richtig machen soll. Stimmt schon – eigentlich hätte es der Mitarbeiter wissen müssen. Er hat es ja wochenlang richtig gemacht, eigentlich sogar über Jahre. Kann Wilhelm Gedanken lesen? »Ich blick's nicht – worauf wollen Sie raus?«, sagt er nach einer Pause.

»Martin, ich habe das, was Sie mir erzählt haben, interpretiert. Wir waren uns ja einig: Etwas zu erklären ist ein wichtiges Instrument bei jemandem, der etwas nicht weiß. Etwas zu erklären hilft, die Kompetenz einer anderen Person zu steigern. Und Kompetenz ist einer der beiden Faktoren, die laut Blanchard beachtet werden müssen, wenn man Mitarbeitern helfen möchte, richtig gut zu werden. Nur: Ihren Leuten fehlt vielleicht gar nicht die Kompetenz, um etwas zu erledigen! Wir müssen uns jetzt den zweiten Faktor anschauen, der laut Blanchards Modell verantwortlich ist für die verlässliche Spitzenleistung unserer Mitarbeiter – eine Idee, was das sein könnte?«

Martin verneint.

»Überlegen Sie mal: Wenn ein Mitarbeiter top ist und seine Aufgaben seit Langem aus dem Effeff beherrscht – woran kann es dann liegen, wenn er dennoch keine Spitzenleistung abliefert? Wenn das Können gewährleistet ist, und doch ist die Leistung gering – was fehlt dann wahrscheinlich?«

»Das Wollen?«

»Perfekt! Blanchard nennt den zweiten Aspekt Engagement, und jetzt haben wir die beiden wesentlichen Faktoren zusammen: Kompetenz und Engagement, oder flapsig gesagt: Können und Wollen. Nur wenn beides vorhanden ist, wird der Mitarbeiter volle Leistung abliefern. Einleuchtend, oder?«

Martin ist stolz, dass er diese Frage schließlich doch beantworten konnte. Gleichzeitig überlegt er, ob das nicht alles zu banal ist – aber es bringt das Ganze gut auf den Punkt: Wollen und Können müssen beide vorhanden sein, das stimmt. »In Ordnung, Herr Wilhelm – und was hat das jetzt mit meinen unselbstständigen Alzheimer-Mitarbeitern zu tun?«, fragt er.

»Wenig mit der fehlenden Selbstständigkeit, aber viel mit dem Vergessen. Ihre Leute wissen noch ganz genau, wie das Regal eingeräumt werden soll, schließlich haben Sie es ihnen ja schon einige Male erklärt. Hier ist ja der Führungsfehler: Sie erklären es immer wieder neu, so als ob über Nacht ein Kompetenzverlust stattgefunden hätte. Dabei fehlt es nicht an Kompetenz, es fehlt am zweiten Punkt.«

»Am Wollen? Am Engagement?«, hakt Martin nach.

»Ja klar – die können es. Ihre Mitarbeiter sind aber nicht motiviert, es sauber und verlässlich zu machen – und das zeigen sie, indem sie es wieder schleifen lassen. Wenn Sie dann darauf reagieren, indem Sie alles von vorn erklären, reden Sie an den Leuten vorbei: Sie möchten die Kompetenz heilen, dabei ist das Engagement erkrankt! Gute Therapie, falscher Patient! Sie erklären, wo Sie motivieren müssten!«

Während Martin diese Botschaft sacken lässt, sagt Steve: »Die ersten zehn Minuten sind um. Ich werde Ihnen vor unserem nächsten Termin noch eine Hausaufgabe zusenden – Tschüss!«

Martin starrt auf den Hörer. Das waren nur zehn Minuten? Es kam ihm länger vor. Egal – schließlich bezahlt er viel Geld dafür. Apropos: Waren es diese zehn Minuten denn wert gewesen? Er macht sich ein paar Notizen:

- Gute Mitarbeiter müssen kompetent und engagiert sein.
- Sind sie das nicht, ist ihre Leistung schlecht.
- Es hilft nichts, wenn jemand kompetent ist, sich aber nicht engagiert.
- Die Führungskraft muss beim Mitarbeiter das fördern, was fehlt.
- Um Kompetenz zu fördern, muss die Führungskraft die Aufgabe gut erklären.

Stimmt alles, klar. Aber das hat Martin schon gewusst. Okay, dass es nützlich ist, sich so dezidiert auf die Aspekte Engagement und Kompetenz zu konzentrieren, hat er nicht auf dem Schirm gehabt. Und es ist bisher auch nicht die zentrale Leitlinie seines täglichen Führungshandelns gewesen. Dennoch: Ist das schon alles? Er schaut auf seinen Block und ergänzt nach einiger Überlegung:

- Wer etwas einige Zeit richtig macht, ist eindeutig kompetent!
- Wer etwas plötzlich nicht mehr richtig macht, hat daher kein Kompetenzproblem, sondern ein Motivationsproblem!
- Sinnvoll ist, ihn zu fragen, was los ist.
- Jemandem, der nicht motiviert ist, etwas zu erklären, ist ein Führungsfehler!

Verflixt, das ist alles richtig und wichtig. Eigentlich ist es genauso banal wie die ersten fünf »Regeln« oben. Dennoch muss sich Martin eingestehen, dass er die drei letzten Punkte ganz eindeutig nicht beachtet hat. Noch nicht mal im Ansatz.

Konkret auf seine Situation angewendet würde das bedeuten: Wenn seine Mitarbeiter etwas nach einigen Wochen schleifen lassen, dann sind sie einfach nicht genug motiviert, es ordentlich zu tun. Kann man das so sehen? Wie Martin es auch dreht und wendet, die Schlussfolgerung von Steve Wilhelm ist zwingend: Wer etwas schon einmal konnte, hat seine Kompetenz bewiesen. Also muss er ein Motivationsdefizit haben. Also hat Martin seinen Mitarbeitern bisher immer nur neu erklärt, was sie doch schon konnten und wussten. Stattdessen hätte er nachfragen müssen, warum das Engagement nachgelassen hat. Danach hätte er gezielt motivieren können. Aber ob das seine Probleme löst?

Kathedralen bauen

Martin schläft unruhig, gegen vier Uhr früh schreckt er schließlich hoch. Geweckt hat ihn der Gedanke: »Und wie genau macht man das – jemanden motivieren?« Er liegt noch zwei Stunden da und starrt an die Decke. Bestimmt stellt mir Steve Wilhelm genau diese Frage als Hausaufgabe: »Beschreiben Sie, wie Sie einen Mitarbeiter motivieren!« Was sage ich dann? Als er um sechs Uhr ins Badezimmer geht, denkt er noch immer darüber nach.

Ich bezahle ihn dafür, dass er mir Antworten gibt – und jetzt soll ich andauernd die Antworten selbst geben! Okay, er hat mich auch einige Male gelobt, weil ich etwas richtig gesagt habe, das war in Ordnung. War das dann Motivation? Es hat mir gut getan, das steht fest. Ich war im Stress durch die ganze Fragerei – und dass ich dann auch mal richtige Antworten gebe, das hat mich schon motiviert. Aber ich kann einen Mitarbeiter, der gerade seine Aufgaben nicht richtig erledigt hat, nicht dafür loben, das wäre ja verrückt! Ich könnte ihn natürlich dafür loben, dass er es drei Wochen hingekriegt hat, seine Pflicht zu tun – aber ist das nicht selbstverständlich? Wohin kommen wir denn, wenn man die Leute für ganz selbstverständliche Dinge lobt?

Hannah kann Martin das nicht fragen, er will ihr nicht zeigen, wie sehr ihn ein zehnminütiges Telefonat mit ihrem Guru ins Grübeln gebracht hat, diesen Triumph gönnt er ihr nicht. Außerdem will er ihr gegenüber nicht zugeben, dass er einen so doofen Führungsfehler gemacht hat. Aber mit Pitt kann er das besprechen!

Im Fitnessstudio kommt Martin auf dem Laufband neben Pitt ziemlich außer Atem, als er ihm von der ersten Coachingsitzung berichtet. »Und wie soll ich das machen, motivieren? Wie ein Fußballtrainer am Spielfeldrand auf und ab rennen, YEAH brüllen, die Faust ballen?«, japst er abschließend.

»Wäre einen Versuch wert«, grinst Pitt. »Sicher würden die noch Jahre später davon reden.«

Martin muss auch lachen. »Außer mich auf den Arm zu nehmen fällt dir nichts ein?« Pitt stellt das Tempo des Laufbands höher und atmet durch: »Doch. Ich hab da mal etwas gelesen, einen Spruch oder so etwas, der mich persönlich sehr beeindruckt hat. Ich weiß ihn gerade nur noch vage – damit ich die Pointe nicht versaue, schaue ich erst nach und schreibe dir dann eine E-Mail.«

Die E-Mail von Pitt kommt am nächsten Tag: »Das hier hatte ich gemeint – es ist kein Spruch, sondern ein Gleichnis. Das bringt für mich die Frage nach der Motivation ganz gut auf den Punkt – aber ich weiß leider nicht mehr, woher das ursprünglich kommt.«

Martin öffnet den Anhang und liest:

Drei Steinmetze werden gefragt, was sie tun. Der erste antwortet: »Ich behaue Steine.« Der zweite antwortet: »Ich verdiene meinen Lebensunterhalt.« Der dritte antwortet: »Ich baue eine Kathedrale!«

Klasse. Ein starkes Bild! Und Pitt hat recht, das Gleichnis passt zum Thema Motivation, das spürt Martin sofort. Er denkt bis zum Abend immer wieder darüber nach und merkt, dass er auf einem guten Weg ist. Was steckt in diesem Gleichnis, wenn man es auf seinen Kern reduziert? Der Sinn! Ich muss den Leuten den Sinn ihrer Aufgaben klarmachen.

Zwei Tage später kommt die E-Mail von Steve Wilhelm. Martin klickt sie selbstsicher an, denn er weiß, dass er auf die Frage, die Wilhelm vermutlich stellen wird, bereits eine Antwort gefunden hat. Er liest und schnappt mal wieder nach Luft: »Guten Morgen, Martin! Bestimmt haben Sie sich inzwischen überlegt, wie Sie das mit dem Motivieren hinbekommen. Dann kann ich Ihnen jetzt die Hausaufgabe stellen: Ich hätte gerne, dass

Sie mit einem Ihrer Mitarbeiter ein Motivationsgespräch durchführen und dass Sie das Gespräch auf Band aufnehmen, am liebsten auf Video. Senden Sie mir das Band zu, danach vereinbaren wir den Termin für unsere nächsten zehn Minuten. Bis dahin, Gruß, Steve.«

Ein Video mit einem Mitarbeiter – wie soll ich *das* denn erklären? Woher weiß er, dass ich erst überlegen musste, wie das geht mit dem Motivieren? Und wieso schreibt er heute erst – hat er gedacht, dass ich so lange brauchen würde, um das rauszufinden?

Das Motivationsvideo

»Wie hast du das denn hingekriegt – dein Mitarbeiter lässt sich einfach so filmen? Oder hast du es heimlich aufgezeichnet, und er weiß gar nichts davon? Man hört ja einiges darüber, wie ihr im Einzelhandel da so drauf seid!« Pitt sitzt neben Martin an dessen Laptop und wartet, bis das Video startet. »Frag nicht so viel!«, brummt Martin und klickt auf Play.

Links sieht man die Metallregale mit den Ordnern für die Organisationshandbücher, die Dokumentationen, die Faxe, rechts ist Martins Schreibtisch zu erkennen mit dem alten Monitor seines PC. Dazwischen sitzen sich Martin und ein Mann in weißem Hemd und schwarzer Jeans auf zwei Stühlen gegenüber. Martin ist von schräg vorn, der Mann von schräg hinten zu sehen.

»Also, Herr Krüger. Ich habe Sie heute noch mal zu einem Gespräch gebeten, weil mir bei einem Kontrollgang aufgefallen ist, dass in Ihrer Molkereiabteilung die Ware wieder nicht gewälzt wurde: 12 Sets à 64 frischen Joghurtbechern standen oben auf drei weiteren Sets à 64 älteren Joghurtbechern. Ähnlich sah es bei der Milch aus. Auch beim Käse waren die Einheiten, die gestern oder heute verräumt wurden, weiter vorn als die Einheiten, die noch von vergangener Woche im Kühlregal platziert waren. Es gibt noch weitere Beispiele, die ich mir jetzt erspare – jedenfalls haben Sie das Grundprinzip des Warewälzens wieder einmal ignoriert.«

Martin sitzt weit vorn auf seinem Stuhl, ist dem Mitarbeiter zugewandt, hält Blickkontakt, während er mit ihm spricht. Er gestikuliert lebhaft, während er fortfährt: »Mir ist bewusst, dass ich Sie zu diesem Thema schon mehrfach angesprochen habe.

Mir ist auch bewusst, dass ich Ihnen bei den letzten Gesprächen immer wieder neu erklärt habe, dass man die neue Ware nach hinten räumt, hinter die ältere Ware, und auch, wie man das machen sollte, ganz praktisch. Ich möchte heute auf einen anderen Punkt zu sprechen kommen. Herr Krüger, ich möchte Ihnen heute einmal den Sinn erklären, weshalb wir das so machen. Ich denke, in Ihrer Ausbildung haben Sie das ja gelernt. Aber auch vom gesunden Menschenverstand her betrachtet müssten Sinn und Zweck des Warewälzens klar sein. Um es ganz unmissverständlich zu sagen: Wir wälzen den Joghurt, damit wir nicht auf den älteren Bechern sitzen bleiben! Wenn wir die neuen Becher immer auf die alten stellen oder die frische Milch vor die Milchtüten vom Vortag, dann wandern die Produkte von gestern immer weiter nach unten oder nach hinten. Irgendwann sind sie abgelaufen und das Mindesthaltbarkeitsdatum ist überschritten. Wir müssen sie hinten herausfischen und wegwerfen. Ich kann mir nicht vorstellen, dass Sie das möchten, oder?«

Man sieht, wie der Mitarbeiter den Kopf schüttelt und auch ein wenig mit den Schultern zuckt.

»Sehen Sie! Was würde passieren, wenn wir Ware unnötig wegwerfen müssten? Ich möchte Ihnen die Konsequenzen erläutern. Erstens ist es zusätzliche Arbeit: Sie und alle anderen Mitarbeiter müssten nicht nur frische Ware einräumen, sondern auch regelmäßig von hinten oder von unten alte, abgelaufene Ware an der frischen Ware vorbei wieder nach vorn holen und wegräumen. Es wäre also mehr Arbeit, und die Ware würde dadurch teurer werden. Zweitens würden wir dann von 800 Joghurtbechern regelmäßig 100 wegwerfen. Auf den einzelnen Joghurt gerechnet wäre das also auch noch mal teurer. Insgesamt würde das Produkt also gleich aus zwei Gründen teurer werden.«

Martin zählte beim Reden mit großen Gesten an den Fingern auf, was er gerade mit Worten erklärt. Um die Intensität seiner Worte zu erhöhen, beugt er sich nach vorne, setzt seinen Vortrag fort: »Jetzt können Sie zwar sagen, Herr Krüger, was hat das mit Ihnen zu tun, kostet der Joghurt eben 15 Prozent mehr, so teuer ist das immer noch nicht. Das führt mich zu meinem dritten Punkt: Wenn alle Dinge hier um 15 Prozent teurer wären, würde der Wocheneinkauf der Hausfrau nicht mehr 100, sondern 115 Euro kosten. Und das, lieber Herr Krüger, hätte schlimme Konsequenzen, auch für Sie! Denn, viertens, die Hausfrau würde zu einem anderen Händler gehen, bei dem sie günstiger einkaufen kann. Das hätte fünftens zur Folge, dass wir nach einiger Zeit unseren Laden dichtmachen könnten, und dann wäre sechstens auch Ihr Arbeitsplatz weg!«

Martin lehnt sich im Video zufrieden zurück und atmet durch. Von Krüger kommt nicht viel, man hört so etwas wie ein Räuspern. Martin scheint wieder bewusst zu werden, dass er gefilmt wird, denn er strafft sich und fasst zusammen: »In Ordnung, Herr Krüger. Jetzt müsste Ihnen wirklich klar sein, wie wichtig es für uns und auch für Sie persönlich ist, dass die neue Ware immer hinter oder unter der älteren eingeräumt wird. Ich bin sicher, ab jetzt kann ich mich wirklich darauf verlassen, dass Sie das entsprechend umsetzen, oder?«

»Ich werd mich anstrengen, Herr Dampf«, sagt Krüger, und Martin steht auf, streckt Krüger die Hand hin und verabschiedet ihn: »Also dann – ran an die Regale!«

»Cool«, sagt Pitt mal wieder. »Mir brummt ein wenig der Kopf, weil du sehr schnell und ausführlich gesprochen hast, aber du hast es insgesamt super erklärt. Also, wem es bisher noch nicht klar war, der hat jetzt definitiv verstanden: Die neue Ware muss hinter die ältere Ware geräumt werden. Hast du astrein erklärt. Und ausführlich, wie gesagt. Und auch sehr lebhaft, finde ich – eindrucksvoll, die ganzen Gesten und so!« Er überlegt. »Ich habe auch ein oder zwei rhetorische Fragen bemerkt: Krüger, was wäre denn mit Ihrem Arbeitsplatz, wenn die Kunden lieber zu einem günstigeren Händler gehen würden? Das war der Hammer, da hast du ihn mitten auf die Zwölf getroffen! Das erklärt nicht nur den allgemeinen Sinn dieser Wälzerei, wie ihr das nennt, das erklärt auch den persönlichen Sinn für Herrn Krüger – genial!«

Martin reckt sich, seine Brust schwillt ein wenig an. Er zeigt auf das Zählwerk des Videos und auf die angegebene Gesamtzeit. »Ja klar, man hat ja im Lauf der Karriere schon einiges an Seminaren besucht – Fragetechnik und eine gute, wirkungsvolle Gestik sind die halbe Miete! Und schnell ist doch gut – das Ganze hat 6:55 Minuten gedauert – jetzt ist Krüger hoch motiviert und wird hoffentlich in seiner Molkereiabteilung richtig ranklotzen!«

»Man fragt sich natürlich, wofür du 5.000 Euro bezahlst, denn auf dem Video zeigst du ja deutlich, dass du großartig motivieren kannst. Ich glaube, mit diesem Auftrag hat sich dein Coach ein Eigentor geschossen, denn der Tipp, dass du bei vielen Mitarbeitern nicht das Können, sondern das Wollen angehen musst, war zwar gut, aber bestimmt keine 5.000 Euro wert, oder?«, überlegt Pitt. Martin runzelt die Stirn. So hatte er es noch gar nicht betrachtet, er war einfach stolz, dass es ihm so gut gelungen war.

»Da hast du recht«, sagt Martin schließlich. »Aber ich hab ja die Ausstiegsklausel. Wenn Wilhelm mehr nicht bietet – vielleicht bin ich ja großzügig und biete ihm 1.000 Euro für den Tipp, dann ist er noch froh, dass er überhaupt etwas bekommt.«

Am Abend schaut Martin sein Video noch einmal an. Er ist wirklich stolz auf sich, sein Auftreten, die Argumente, die überzeugende Gestik. »Da wird Herr Wilhelm nichts zu mäkeln haben! Bestimmt wird er mich loben!« Er verzieht kurz den Mund, als er merkt, wie wichtig ihm schon wieder das Lob dieses bayerischen Möchtegern-Gurus ist. Er tippt einige begleitende Zeilen und sendet das Video per E-Mail an Steve Wilhelm.

Lektion 2: Motivieren hat mit Bewegung zu tun

Der zweite Coachingtermin findet drei Tage später statt. Steve Wilhelm hatte sofort reagiert und darum gebeten, dass Martin beim Telefonat sein Motivationsvideo auf seinem Rechner geöffnet haben soll. Martin, seit dem Absenden des Videos bester Laune, fährt sein MacBook hoch und klickt das Video an. Nun hebt er voller Vorfreude den Hörer ab, um Steve Wilhelm anzurufen. »Haben Sie mein Video angeschaut?«, fragt er nach der Begrüßung so sachlich wie möglich.

»Oh ja, und es waren sehr eindrucksvolle Minuten, Kompliment! Man merkt, dass Sie die Seminare, die Sie besuchen, nicht nur absitzen, sondern dass Sie das, was Sie dort hören, auch umsetzen. Blickkontakt, überzeugende Gestik, rhetorische Fragen – ausgezeichnet! Ihre Trainer waren gut, und sie hatten einen cleveren und hellwachen Schüler. Am meisten hat mich beeindruckt, dass Sie einen wichtigen Punkt zum Thema Motivation ganz klar erfasst haben: Motivation hat damit zu tun, dass man das, was man vom anderen haben möchte, verknüpft mit einem Wert, der für den anderen eine positive Bedeutung hat. In sechs Argumentationsschritten waren Sie vom Joghurtbecher im Regal beim drohenden Arbeitsplatzverlust des Herrn Krüger angekommen – das war das Highlight, da hätte ich gerne Krügers Gesicht gesehen! Haben Sie sich das ganz allein ausgedacht?«

»Also, ein Freund hat mir gesagt, dass ...«

»Super umgesetzt jedenfalls von Ihnen!«, unterbricht der Coach und lässt nicht zu, dass Martin seinen Erfolg schmälert: »Sie haben jetzt den ersten Schritt ganz klar drauf: Wenn das Engagement nachlässt, muss nicht erklärt werden, wie etwas geht: Es muss motiviert werden. Lieber Martin, nachdem ich dieses Video gesehen habe und all das, was Sie darin schon richtig machen, wusste ich, dass Sie von meinen Tipps maximal profitieren werden, denn Sie werden nicht ruhen, bis Sie nicht jeden davon eins zu eins umgesetzt haben!«

Martin strahlt über so viel Lob, das geht runter wie Öl – außerdem stimmt es ja auch. Zugleich erkennt er seine Chance, die Sache mit dem Honorar anzusprechen: »Moment mal, Herr Wilhelm. Bisher habe ich einen einzigen Tipp von Ihnen bekommen. Der war auch gut, das gebe ich gerne zu. Aber den ganzen Rest habe ich doch selbst umgesetzt!«

Obwohl die beiden sich nur am Telefon unterhalten, hört Martin, wie Steve Wilhelm lächelt, als er antwortet. »Das stimmt. Und Sie haben aufgrund meines ersten Tipps Ihr Vorgehen verändert, Sie haben nicht mehr erklärt, *wie* das geht, was Sie haben möchten, Sie haben jetzt erklärt, *weshalb* Sie es möchten. Sie haben sogar etwas geschafft, wofür viele deutlich länger brauchen: Sie haben zusätzlich erklärt, weshalb es der Mitarbeiter *selbst* wollen sollte. Das ist ein Quantensprung, oder nicht?«

»Ja, schon, aber auf keinen Fall ist das 5.000 Euro wert«, hakt Martin nach.

»Natürlich nicht«, stimmt Steve Wilhelm freundlich zu. »Da haben Sie absolut recht. Das, was Sie jetzt verändert haben, führt nach meiner Einschätzung dazu, dass Herr Krüger nicht nur drei Wochen lang brav die Ware wälzt wie nach den bisherigen Gesprächen – ich wette, dass es dieses Mal fünf oder sechs Wochen dauert, bis er es wieder schleifen lässt. Das ist doppelt so viel wie zuvor – und doch wette ich, dass Ihnen das noch nicht genügt, oder?«

»Fünf Wochen?!« Martin starrt ungläubig auf den Computerbildschirm, wo noch immer ein Standbild des Videos zu sehen ist.

»Ja, vielleicht auch sechs. Aber Sie wollen doch, dass es anhält, richtig? Bye-bye Alzheimer! Und noch wichtiger: Sie wollen auch, dass Ihre Leute selbstständiger sind und mehr mitdenken – stimmt's?«

Martin ist sprachlos. Schließlich sagt er: »Ja, schon …«

»Dann möchte ich Ihnen eine Frage stellen. Sie hatten doch Latein in der Schule, oder habe ich das falsch in Erinnerung?«

Martin ist verwirrt. Er verdaut noch, dass Wilhelm das Video erst so gelobt hat und dann doch alles nichts wert sein soll. Und er hatte zwar tatsächlich Latein in der Schule, aber er ist sicher, dass er bisher kein Wort über seine Schulausbildung gesagt hat. Entweder hat der einen Zufallstreffer gelandet, oder aber Hannah hat mit Wilhelm über ihn gesprochen – nur wann? In ihrer Ausbildung zum Coach? Aber warum?

»Hallo, Martin – noch dran?«

Martin konzentriert sich auf die Gegenwart: »Ja klar, sorry! Was ist denn falsch an meiner Gesprächsführung? Gerade haben Sie doch gesagt, ich hätte alles richtig gemacht!«

Krüger spricht kein Latein

Wieder hört Martin den Coach am anderen Ende der Leitung lächeln: »Ich habe gesagt, dass Sie ganz vieles ganz prima hingekriegt haben, und ich bin der Meinung, dass sehr viele Ihrer Kollegen das nicht auf Anhieb so gut gemacht hätten wie Sie. Ich weiß es sogar sicher, denn ich habe ja vor Ihnen einige hundert Männer und Frauen zu diesem Thema gecoacht. Ich bin auch absolut davon überzeugt, dass Sie Herrn Krüger jetzt besser erreicht haben, als Sie es mit Ihrer bisherigen Strategie geschafft haben. Allerdings bin ich auch überzeugt, dass Sie mit dieser neuen Vorgehensweise allein Ihre wesentlichen Ziele noch nicht erreichen werden: etwas weniger Alzheimer – ja! Mehr Selbstständigkeit – nein. Wir können gerne warten, was in einigen Wochen sein wird. Sobald Sie den frischen Käse wieder vorn im Regal finden und den von letzter Woche dahinter, wissen Sie, dass meine Vermutung stimmt, und können mich wieder kontaktieren. Sollen wir uns bis dahin vertagen?«

Martin fällt auf, wie überzeugt Wilhelm von seiner Sache ist. Normalerweise würde er sich darüber ärgern. Aber hier wird er von dem regelmäßigen Lob und der authentisch wirkenden Freundlichkeit seines Gesprächspartners immer wieder besänftigt. Er überlegt kurz und sagt dann ohne Zusammenhang: »Ich versteh einfach nicht, was Latein mit Herrn Krüger zu tun hat – der kann sicher kein Latein. Und die Sache mit dem Ball haben Sie mir auch noch nicht erklärt!«

»Ich weiß nicht, ob das jetzt heißen soll, wir machen weiter, aber ich will Ihnen gerne Ihre Fragen beantworten, zumindest die wegen des Lateins. Martin, erinnern Sie sich noch, Schule, Latein …? Wovon stammt das Wort Motivation ab?«

»Von movere, denke ich?«, antwortet Martin automatisch.

»Sehr gut – und was heißt das?«

»Bewegen, fortbewegen, fortbringen?«

»Ausgezeichnet! Fortbringen, fortbewegen, also jemanden oder etwas. Womit befasst sich dann also die Motivation?«

»Damit, jemanden fortzubringen?«

Martin hört Wilhelm vergnügt lachen: »Na ja, eben jemanden zu bewegen. Motivation hat also damit zu tun, jemanden in Bewegung zu setzen. Können wir uns darauf einigen?«

»Meinetwegen – und weiter?« Martin ist irritiert und sieht nicht, worauf das hinauslaufen soll.

»Gut. Motivation heißt, jemanden in Bewegung zu setzen. Lieber Martin – wer von beiden hat sich mehr bewegt in Ihrem Motivationsgespräch mit Herrn Krüger? Das ist für heute die Schlüsselfrage unseres Termins.«

Martin schaut auf den Bildschirm, wo er das Anfangsbild des Videos sieht. Motivation ist doch keine Gymnastikaufgabe, höchstens im Sport, denkt er und versteht noch immer den Sinn nicht. »Krüger und ich haben uns unterhalten!«, sagt er dann. »Sie haben mir klargemacht, dass ich ihm nicht jedes Mal neu erklären muss, wie seine Aufgabe zu erledigen ist. Ich habe mit Ihrer Hilfe herausgefunden, dass ich ihm also besser erkläre, warum er die Aufgabe erledigen soll – und das hab ich gemacht. Weshalb ist das jetzt doch verkehrt, wenn es Ihnen gerade noch so gut gefallen hat?«

»Sie bringen das gut auf den Punkt, lieber Martin. Sie haben es ihm *erklärt* – darum geht es mir heute, in dieser Einheit. Apropos: Unsere zehn Minuten sind um. Ich habe jetzt einen Vorschlag und eine Ankündigung. Mein Vorschlag ist: Lassen Sie mal nach unserem Telefonat auf Ihrem PC das Video im Modus Fast Forward ablaufen – lassen Sie das Bild dabei mitlaufen! Dann erkennen Sie sofort, was ich meine. Und meine Ankündigung lautet, dass ich unser nächstes Coaching nicht selbst durchführen werde, sondern dass es von einer Kollegin durchgeführt wird, von Maria Krall. Ich werde Ihnen morgen ein Video zugänglich machen, das Maria in einer Schulung zeigt – das wird Ihre nächste Einheit sein, einverstanden? Ich bin ganz sicher, am Ende dieser Schulungseinheit ist Ihnen sonnenklar, was meine Metapher mit dem Ball bedeuten soll.«

Martin ist gekränkt: »Ich kann ja am Ende sagen, ob es mir gepasst hat. Und Sie entsprechend am Ende bezahlen oder nicht. Das ist Ihr Risiko, wenn Sie die nächsten zehn Minuten Coaching an ein Videoband delegieren möchten!«

»Das interpretiere ich mal als ein JA!«, hört er noch im Hörer, dann ist die Leitung still.

Wieder brummt Martin der Schädel. Steve Wilhelm scheint man durch nichts aus der Ruhe bringen zu können. Dass er das nächste Coaching nicht selbst macht, ärgert Martin wirklich. Er fühlt sich davon überfahren, obwohl Wilhelm ja offiziell gefragt hat. Das bringt ihn auf einen anderen Punkt: Er hat immer wieder das Gefühl, dass Wilhelm ihn auch dann noch lobt, wenn er eigentlich Murks fabriziert hat. Wenn Martin vielleicht 25 Prozent gut und 75 Prozent schlecht gemacht hat, freute sich Wilhelm ausführlich über diese 25 Prozent – um ihm danach unterzujubeln, dass er eben doch nicht alles richtig gemacht hat. Ist das motivierend? Oder doch eher Manipulation?

Am Ende kann Martin nur konstatieren: Auch dieses zweite Telefonat beschäftigt ihn noch lange Zeit, nachdem er den Hörer aufgelegt hat. Natürlich muss am Abend Pitt wieder herhalten. Martin speichert das Video von seinem Gespräch mit Krüger auf seinem iPhone und zeigt es Pitt, nachdem sie eine Stunde auf dem Laufband waren.

Da ist nur einer, der strampelt

»Ich habe so eine Ahnung, was dein Herr Wilhelm da meint. Warte, wir machen das jetzt mal mit dem schnellen Vorlauf!« Pitt drückt auf eine Taste und lässt das Video in vierfachem Tempo ablaufen. Man sieht Martin vor Herrn Krüger herumzappeln, während seine normalerweise tiefe Stimme in hellen Tönen unverständliche Dinge zwitschert. »He, mach mich doch nicht zum Affen, was soll das!?«, sagt er gereizt. Pitt lacht und kommt mit dem zwitschernden iPhone um den Tisch herum zu Martin: »Wenn es schnell läuft, ist völlig klar, worauf dein Spezialguru hinaus will!«

Martin schaut stirnrunzelnd auf seine Zappelbewegungen. »Ich sehe überhaupt nichts!«, schimpft er.

»Ich kann ja kein Latein, aber wenn Motivation von Bewegung kommt, dann schau doch mal hier auf Krüger und dich: Wer ist denn da in Bewegung? Ich sehe nur einen, der herumstrampelt!«

Martin schaut widerwillig auf das Display, wo er gerade in rasend schnellen Bewegungen an den Fingern von erstens bis sechstens aufzählt. Auf diese Stelle war er doch so stolz, und Wilhelm hatte sie gelobt – oder doch nicht? Hat Wilhelm ihn nur auf den Arm genommen? Es sieht lächerlich aus, wie er mit den Armen fuchtelt, und dazu zwitschert es wie in einem Spatzennest vor der Fütterung. »Gib her«, sagt er und schaltet das Video aus, bevor er sein iPhone in die Tasche schiebt.

»Bist du jetzt sauer? Schau doch: Du möchtest ein Gespräch führen, mit dem du Krüger motivieren, also ihn in Bewegung versetzen willst. Der soll seinen knochigen alten Hintern hochkriegen, er soll endlich korrekt und nachhaltig seinen Aufgaben nachkommen. Und obwohl du Krüger bewegen willst, bewegt sich sechs Minuten und fünfundfünfzig Sekunden lang hier auf dem Video nur einer, nämlich du selbst! Krügers einziges Lebenszeichen besteht aus zweimal kurz mit den Schultern zucken. Ich wette, das hat dein Coach gemeint!« Pitt schaut seinen Freund auffordernd an, aber dem ist das heute alles zu viel.

Martin bezahlt sein Bier, steht auf, um zu gehen, bleibt dann aber doch noch stehen: »Klar hab ich mich bewegt. Ich lebe eben! Ich habe Krüger erklärt, was zu tun ist. Erst vor drei Tagen hast du meine Gestik gelobt, und die Rhetorik auch – bei diesem Video hier! Und jetzt ist alles falsch? Du hängst dein Fähnchen in den Wind!«

»Nein, so wie du auch lerne ich dazu. Und ich fand das wirklich super, was du da abgeliefert hast. Aber ich kann auch erkennen, dass das nix wird mit dem Motivieren, wenn du dem Krüger alles vorstrampelst.«

»Ich bin halt ein Vorbild für ihn, ein Modell!«, schimpft Martin und geht nach Hause. Er schläft wieder schlecht. Er hasst es, wenn er etwas nicht gut macht. Er hasst es, wenn er etwas nicht kapiert. Er hasst es ganz besonders, wenn er das Gefühl hat, andere Menschen kapieren etwas besser als er. Und er merkt, dass er frustriert ist, weil er so stolz auf sein Gespräch mit Krüger war – und jetzt nörgeln sowohl Steve Wilhelm als auch Pitt daran herum. Sein einziger Trost in dieser Nacht ist, dass er ja nichts bezahlen muss, wenn er am Ende nicht zufrieden ist.

Viel später in der Nacht steht er noch einmal auf und schreibt auf seinen Notizblock:

- Motivieren heißt, jemandem den Sinn klarzumachen.
- Warum statt Wie.
- Motivieren heißt, jemanden in Bewegung zuversetzen.
- Wenn der, der sich mehr bewegen soll (Mitarbeiter!), im Gespräch ganz still sitzt und sich nur der andere (Chef!) bewegt, dann ist das ein Widerspruch!

Hinter den letzten Punkt macht Martin erst ein dickes Fragezeichen, dann streicht er es durch und macht ein Ausrufezeichen. Danach legt er sich wieder hin und schläft die restliche Nacht etwas besser als zuvor.

Lektion 3: Das Geheimnis der besten Verkäufer

»Guten Morgen, Martin! Hier kommt der Link zum versprochenen Schulungsvideo, zusätzlich Ihr persönlicher Zugangscode. Ab Aktivierung des Codes ist er 24 Stunden gültig, dann verfällt er. Sie können das Video nicht herunterladen – am besten aktivieren Sie es also dann, wenn Sie wirklich genug Ruhe und Zeit dafür haben. Es dauert nicht besonders lange – wie alle unsere Einheiten ziemlich genau zehn Minuten. Möglicherweise möchten Sie es aber ein paarmal anschauen. In diesem Sinn – viel Spaß damit, herzlichen Gruß, Steve.«

Diese paar Zeilen, ein Link zu einer Internetseite von Maria Krall, »Verhaltenstrainings«. Und im Anhang ein Dokument mit einem zwölfstelligen Passwort. Warum so viel Geheimniskrämerei? Martin betrachtet abwechselnd die Zeilen von Steve Wilhelm sowie die schlichte, aber ansprechende Homepage der Trainerin. Einerseits findet er das alles etwas aufgebauscht, andererseits merkt er, wie es ihn neugierig macht. Nach kurzem Nachdenken greift er zum Handy: »Pitt, hier ist Martin. Ich komme heute Abend nicht ins Fitnessstudio, ich habe da diesen Link mit meiner nächsten Lektion zugeschickt bekommen, passwortgeschützt ... Ja, albern, finde ich auch ... Soll nur zehn Minuten dauern, aber ich will mir das in Ruhe anschauen ... Wie? Klar kannst du auch kommen und zugucken, das ist nicht verboten. 20 Uhr? Okay, gute Idee!«

Viertel nach acht sitzen die beiden Männer vor Martins Laptop. Jeder hat ein Bier vor sich und Martin außerdem einen Notizblock mit Stift – man kann ja nie wissen. Nachdem sie kurz über die seltsame Regelung mit Passwort und eingeschränkter Gültigkeit gelästert haben (»Kannst ja froh sein, dass sich nicht gleich das ganze Laptop nach Betrachten des Videos selbst zerstört!«), aktiviert Martin den Link und den Videozugang. »Maria Krall Verhaltenstrainings« steht zunächst auf dem ansonsten schwarzen Bildschirm, nach drei Sekunden verschwinden die drei Wörter und dann erscheint »Das Geheimnis der Top-Verkäufer« in gleicher Schrift. Dann verschwindet der Text wieder und man sieht eine recht junge Frau, wahrscheinlich Maria Krall, neben einem Flipchart stehen. Ihr gegenüber sitzen in einem offenen U neun Männer und drei Frauen, die meisten wie Martin auch mit Stift und Schreibblock oder Tablet bewaffnet: offenbar Seminarteilnehmer, klassische Situation.

»Willkommen zurück aus der Pause«, begrüßt Frau Krall die Teilnehmer, »wir kommen jetzt zum wichtigsten Element unserer Schulung. Zu unserem Thema ›Souverän verkaufen‹ hören Sie in den nächsten zehn bis fünfzehn Minuten das, was für Ihren Verkaufserfolg am wichtigsten ist, wenn Sie zur absoluten Spitzengruppe gehören möchten. Ich werde Ihnen schildern, was Spitzenverkäufer von sehr guten Verkäufern unterscheidet. Sie werden lernen, was Sie von der Note 1–2 zur Note 1+ des Verkaufens bringt. Alle anderen Themen in unseren gemeinsamen sechs Tagen können Sie auch in vielen anderen Seminaren lernen – das Geheimnis der Top-Verkäufer wurde nach allem, was ich weiß, noch nie in einem Buch notiert und also auch nur in wenigen Seminaren gelehrt.«

Martin und Pitt schauen sich kurz an. »Typische Trainersprüche!«, murmelt Pitt. »Eine Verkaufsschulung? Was hat das mit dem Führen von Mitarbeitern zu tun?«, fragt Martin. Maria Krall spricht weiter und wendet sich direkt zur Kamera, als hätte Sie die beiden gehört oder geahnt, dass jemand genau so etwas sagen würde.

»Im Übrigen ist das, was für die Top-Verkäufer so wertvoll ist, auch etwas, was für jede Führungskraft wesentlich ist. Das Geheimnis der Top-Verkäufer kann auch einer Führungskraft zu großem Erfolg bei kleinem Aufwand verhelfen.« Sie wendet sich wieder ihrer Seminargruppe zu. »Wer kann sich denken, weshalb?«

Eine der Teilnehmerinnen meldet sich: »Ich denke, auch Führungskräfte müssen jeden Tag etwas verkaufen – vielleicht keine Produkte, aber doch Ideen, oder?«

»Perfekt. Genau deshalb können Führungskräfte viel von Verkaufstechniken profitieren, auch wenn das den wenigsten bewusst ist.« Maria nickt anerkennend und fährt fort. »Ich werde Ihnen von einer Untersuchung berichten, die schon vor einigen Jahrzehnten in den USA durchgeführt wurde. Sie wurde nicht von einer Universität, sondern von einem Unternehmen veranlasst. Von Praktikern für Praktiker. Die Fragestellung dieser Untersuchung lautete: Was unterscheidet die Top-Verkäufer vom Rest? Um das zu beantworten, hat man einen enormen Aufwand betrieben. Warum ist diese Frage für ein vertriebsorientiertes Unternehmen so wichtig?«

Einer der Männer meldet sich: »Ich denke mal, wenn ich weiß, was die Besten besonders gut machen, dann kann ich ja alle anderen auch darin ausbilden, oder?«

»Ihr seid eine Spitzengruppe!«, lobt Frau Krall. »Genau das war der Plan, und ich kann euch schon verraten: Er ging auf. In dem Unternehmen, von dem ich erzähle, sind die Ergebnisse dieser Studie zum Kern der gesamten Verkäuferausbildung geworden.«

Martin und Pitt sehen, wie die zwölf Seminarteilnehmer sehr aufmerksam auf die Trainerin schauen, und merken, dass sie selbst auch neugierig sind.

»Die Studie wurde von … durchgeführt – Sie wissen, was die herstellen?« Anstelle des Namens hört man auf dem Video einen Piepton, wie wenn jemand in einer Talkshow etwas Unanständiges sagt.

»Fotokopierer?«, »Drucker?«, sagen einige der Teilnehmer.

»Richtig! Auch Faxgeräte, einfach Büromaschinen aller Art. Wissen Sie auch, wie diese Geräte in den USA vertrieben wurden, und übrigens auch sehr lange Zeit hier bei uns in Europa und in Deutschland? Nein? Das Unternehmen hat einen großen Direktvertrieb aufgebaut, sie verkaufen die Geräte also an der Haustür. Der Direktvertrieb ist die härteste Schule des Verkaufens, das wissen Sie.« Alle Teilnehmer nicken. »Sie klingeln, ob mit oder ohne Termin, und möchten gerne direkt ohne Vorwarnung Ihr Produkt verkaufen. Nehmen Sie hier in Europa die Firma Vorwerk: Gut 3.000 Staubsauger werden jeden Tag in Deutschland kalt an Menschen verkauft, die morgens beim Aufstehen noch nicht wussten, dass sie am Abend einen neuen Staubsauger haben würden! Das ist ein Knochenjob, diese Verkäufer verdienen Respekt. Die Firma jedenfalls wollte nun wissen, was die Top-Verkäufer von den anderen guten Verkäufern unterscheidet. Wissen Sie, weshalb die Frage so gestellt werden musste? Wieso man nicht nach dem Unterschied zwischen den Spitzenverkäufern und den schlechten Verkäufern gefragt hat?«

Die Teilnehmerin, die schon einmal geantwortet hatte, meldet sich erneut: »Ich glaube, Sie haben es uns gerade schon gesagt, Frau Krall: Es ist ein Knochenjob, das heißt, diejenigen, die das nicht hinbekommen, halten sich nicht lange. Wer kein guter oder sehr guter Verkäufer ist, wird in *dem* Job nicht alt, der geht nach zwei oder drei Monaten wieder, weil er nichts verkauft und auch keine Provision bekommt.« Maria Krall lächelt und hält einen Daumen senkrecht: »Perfekte Antwort, Frau Fürst. Ausgezeichnet. Das Unternehmen wollte also in den 1980er-Jahren dieser Frage auf den Grund gehen. Zu diesem Zweck haben sie einen enormen Aufwand betrieben. Man stattete deshalb alle Verkäufer eines Verkaufsgebiets mit Aufzeichnungsgeräten aus, natürlich damals nur Tonaufzeichnungen. Gut 300 Verkäufer haben also damals ein Tonband mit auf den Weg bekommen, gut 300 Verkäufer waren verkabelt, und ihr

Auftrag lautete: Bitte zeichnen Sie Ihre nächsten zehn Verkaufsgespräche auf und senden Sie die entsprechenden Aufzeichnungen an die Zentrale ein!«

»Ist das nicht illegal?« Ein Teilnehmer hat die Hand gehoben. Maria Krall lacht: »Ich bin nicht ganz sicher, Herr Husslein, ich hatte Ihnen heute früh schon gesagt, dass diese Geschichte, soweit mir bekannt ist, nie irgendwo offiziell veröffentlicht wurde. Ein Grund ist natürlich, dass das Unternehmen das Geheimnis der Top-Verkäufer möglichst lange für sich behalten wollte … ein anderer Grund kann wohl darin liegen, dass dieses heimliche Mitschneiden von Kundengesprächen auch in den USA nicht legal war. Wer weiß?«

»Heute wäre es bestimmt legal, heute schneidet ja da drüben jeder alles mit«, murmelt Pitt, und Martin nickt. Beide nehmen einen Schluck Bier.

Top-Gespräche statt Top-Verkäufer

»Nachdem 300 Verkäufer je zehn Gespräche aufgezeichnet hatten, lagen also 3.000 Aufnahmen in der Personalabteilung. Das war kaum zu überschauen, man heuerte deshalb ein gutes Dutzend Studenten an, deren Aufgabe es war, all die Gespräche zu transkribieren. Am Ende lagen 3.000 schriftliche Protokolle vor, die alle analysiert wurden. Ein sehr kluger Mitarbeiter der Personalabteilung hatte dann noch eine pfiffige Idee: Man hat die Gespräche nicht aufgeteilt in Top-Verkäufer versus normale, sehr gute Verkäufer. Man hat zwei andere Stapel gemacht: Auf der einen Seite alle Protokolle der Kategorie perfektes Verkaufsgespräch, auf der anderen Seite alle Protokolle der Kategorie Rest. Weshalb diese Veränderung?«

»Auch ein blindes Huhn findet mal ein Korn!«, lacht ein Teilnehmer, während ein anderer ergänzt: »Und auch ein Top-Verkäufer verkauft nicht jedes einzelne Mal.« Martin und Pitt staunen – diese Seminargruppe ist wirklich schnell und klug, die denken absolut konzentriert mit! »Das müssen alles echte Verkäufer sein, so rasch, wie die auf die ganzen Überlegungen kommen, Profis!«, murmelt Martin, und Pitt nickt zustimmend.

Maria Krall fährt unterdessen fort: »Ganz genau! Und indem man die besten Gespräche mit dem Rest vergleicht, hat man ganz sauber getrennt in Top und Rest. Preisfrage: Was meinen Sie, wie wurden denn die besten Gespräche definiert? Denken Sie daran, die Geschichte spielt im Direktvertrieb!«

»Gerät verkauft!«, ruft sofort jemand aus der Gruppe. Maria Krall schlägt am Flipchart eine Seite um – auf dem neuen Blatt steht bereits die Überschrift »Definition Perfektes Verkaufsgespräch«. Darunter notiert sie die Antwort des Teilnehmers. »Und was noch?« Die Gruppe schweigt. »Überlegen Sie mal – welche Antwort hasst jeder Verkäufer am meisten, nachdem er sich ins Zeug gelegt hat?«, gibt Frau Krall zu bedenken. »Ich ruf Sie morgen wieder an!«, sagt einer der Teilnehmer, während ein anderer gleichzeitig »Ich schlafe da erst mal eine Nacht drüber« ruft – und der ganze Raum lacht schallend.

»Sehen Sie – ich wusste dass Sie sich auskennen!« Maria Krall lacht mit und schreibt »Beim Erstkontakt!« auf das Flipchart. »Ausgezeichnet! Perfekt bedeutet also, Gerät verkauft, und zwar beim ersten Kontakt, ohne Wiederholungsbesuch. Was fehlt jetzt noch? Welche Gefahr besteht, wenn man die Typen prämiert, die beim ersten Kontakt sofort überall ein Gerät losbekommen?« Da die Gruppe schweigt, dreht sie sich erneut zum Flipchart und schreibt. Als sie sich wieder umdreht, steht dort: »3. Keine Stornierung.«

»Klar, wenn wir den dritten Punkt nicht drin haben, dann erfassen wir unter dem perfekten Gespräch auch all die Verkäufer, die wie Drücker arbeiten«, kommt es aus der Runde, »die verkaufen zwar, und auch im Erstkontakt, aber bedrängen den Kunden so sehr, dass der am nächsten Tag storniert, wenn der Verkäufer wieder weg ist!«

Perfektes Verkaufsgespräch

Definition:

1. Gerät verkauft
2. Beim Erstkontakt
3. Keine Stornierung

»Perfekt, Herr Husslein – genau das ist der Grund! Jetzt müssen wir nur noch klären, was da herauskam, und können dann den restlichen Tag üben, wie Sie das mit Ihren Produkten umsetzen können! Ich will es Ihnen gleich verraten: Zwischen den vielen Protokollen der Kategorie Rest und den deutlich weniger zahlreichen Protokollen der Kategorie perfektes Verkaufsgespräch wurde in allen Analysen, die durchgeführt wurden, nur ein einziger wesentlicher Unterschied herausgefunden. Raten Sie mal, was das gewesen ist!«

Offenbar wurde jetzt eine längere Diskussion unter den Teilnehmern herausgeschnitten, denn das Video springt und man sieht wieder Maria Krall.

»Ich werde es Ihnen mit einer Geschichte erklären – dann haben Sie die Lösung. Grundsätzlich muss ja jeder Verkäufer an der Tür klingeln, er muss mit oder ohne Termin mit dem Verantwortlichen ins Gespräch kommen und ihm am Ende des Gesprächs, wenn es perfekt läuft, ein Fax oder einen Fotokopierer verkaufen, richtig? Okay. Nehmen wir mal an, der Verkäufer hat im Verlauf des Gesprächs eine gute Bedarfsanalyse gemacht, so wie wir das hier gestern gelernt haben. Er hat womöglich erfahren, dass der Fotokopierer, den das kleine Unternehmen verwendet, sechs Jahre alt ist. Er funktioniert noch. Fünf Sekretärinnen teilen sich diesen Kopierer, er steht im Flur, auf den die Büros dieser Sekretärinnen jeweils hinausgehen. Die Kopiergeschwindigkeit ist sechs Kopien pro Minute. Gelegentlich treffen sich zwei Sekretärinnen am Kopierer, weil die erste noch kopiert, während die zweite schon auftaucht. Meist bleiben dann beide stehen und reden – im schlimmsten Fall vergessen sie dabei, weiter zu kopieren. Was wird jetzt unser normaler Verkäufer mit dem Kunden herausarbeiten? Unser neuer Kopierer produziert dreißig Kopien pro Minute, und er muss erst nach 100.000 und nicht schon nach 50.000 Kopien gewartet werden.«

»Man müsste den Nutzen klarmachen!«, ruft einer der Teilnehmer.

»Super, Herr Hauer! Absolut richtig – da es immer gute oder aber Top-Verkäufer sind, werden *alle* über den Nutzen gehen. Und wie würden Sie genau vorgehen? Wenn ich jetzt die Chefin des Ladens wäre? Also – wer traut sich, ein wenig einzusteigen?«

Der Teilnehmer namens Hauer räuspert sich und beginnt: »Frau Krall, unser neues Modell XYZ ist fünfmal so schnell wie Ihr aktuelles Gerät, und es muss nur halb so oft gewartet werden!«

»Das ist aber ein Merkmal, Herr Hauer, noch gar kein Nutzen!«, lächelt die Trainerin, weil sie weiß, dass der Mann erst in Fahrt kommt.

»Weiß ich, geht ja weiter: Das heißt, Frau Krall, dass jede Sekretärin, wenn sie zum Kopieren kommt, fünfmal schneller wieder an ihrem Arbeitsplatz zurück sein wird. Und es heißt, dass die Gefahr für einen Stau am Kopierer fünfmal geringer ist als heute, wenn Sie unser Produkt kaufen – und bestimmt nervt es Sie enorm, wenn Sie in den Flur kommen und sehen, dass da zwei oder vielleicht manchmal sogar drei Sekretärinnen stehen und quasseln, anstatt zu kopieren, oder nicht?«

»Jetzt sind wir am Nutzen, sehr gut – auch wenn das letzte haarscharf an einer Suggestivfrage entlangschrammte.« Ein anderer Teilnehmer übernimmt: »Sie bezahlen ja sonst die tote Zeit, die Ihre Damen im Flur am Kopierer rumstehen – mit unserem Gerät wird das fünfmal so unwahrscheinlich!«

»Und wenn die schneller wieder am Schreibtisch zurück sind«, ergänzt die nächste Teilnehmerin, »sind auch die Telefone in den verschiedenen Büros schneller wieder besetzt!«

»Und dann erreichen Ihre Kunden die Damen häufiger schon beim ersten Anruf!«

»Das bedeutet, dass Ihre Kunden Ihnen treu bleiben und nicht zu einem Wettbewerber wechseln, nur weil Ihre Telefone nicht besetzt sind!«

Der ausgesprochene Nutzen

Frau Krall lacht vergnügt und freut sich mit den engagierten Teilnehmern: »Sehr gut! Was Sie da erzählen, zeigt, dass Sie alle schon heute gute Verkäufer sind – Sie haben den Nutzen für den Kunden sehr deutlich herausgearbeitet! Nun die Schlüsselfrage dieser Lektion: Was haben die Top-Verkäufer *noch* besser gemacht als Sie alle gerade eben?«

Schweigen.

»Ich gebe Ihnen eine Hilfestellung: Das Prinzip heißt ›Der ausgesprochene Nutzen‹ – und es geht darum, wer von beiden den Nutzen ausspricht, wer ihn also formuliert.«

Aus der Runde kommen jetzt einige Zwischenrufe: »Na, wir haben das ausgesprochen!« – »Wir müssen das dem Kunden doch erklären!« – »Der kann das doch nicht vorher schon wissen!« – »Meinen Sie, der kommt da von allein drauf? Nur wenn wir ihm die Daten des Kopierers sagen?« – »Verkaufen besteht doch darin, dem Kunden den Nutzen klarzumachen!« Die Teilnehmer sind empört, dass ihre vielen klugen Argumente nicht »Top« sein sollen.

»Ja, das stimmt schon – der Nutzen spielt eine Rolle. Und ich sage Ihnen: Nach Ihren Erläuterungen eben hätte ich als Kundin vermutlich gedacht, dass Sie recht haben, was das neue Modell angeht – und hätte dann zu Ihnen gesagt: ›Ich ruf Sie morgen zurück‹ – also genau den Satz, den alle Verkäufer so wenig mögen. Wissen Sie auch, wieso? Weil Sie Verkäufer sind. Und weil ich Kundin bin. Jede Kundin, die mit einem Verkäufer im Gespräch ist, weiß: ›Das ist ein Verkäufer. Der will mir etwas verkaufen. Er hat garantiert jede Menge Tricks drauf; was er mir da gerade erklärt, klingt sehr einleuchtend – aber vielleicht ist es ja ein Trick? Am besten denke ich in Ruhe darüber nach, wenn er gerade nicht vor mir steht und mich vielleicht aktiv manipuliert!‹ Nicht jeder denkt das bewusst, aber innerlich läuft so etwas wie eine Warnung mit, die dafür sorgt, dass man erst mal Zeit gewinnen möchte.«

»Aber wir müssen Ihnen doch den Nutzen klarmachen!«, ruft eine Teilnehmerin noch einmal. »Freilich, Frau Luft, das ist der Schlüssel, ganz klar. Aber wenn es darum geht, dass ich Ihnen in Ihrer Rolle als Verkäuferin einfach prinzipiell misstraue – wer müsste dann im Raum über den Nutzen sprechen? Was könnten Sie noch tun, anstatt es mir zu erklären? Wem trauen Menschen am meisten?« Man sieht förmlich, wie es in den Köpfen der Teilnehmer arbeitet.

Schließlich sagt jemand: »Na ja – sich selbst? Und der Familie? Also sich selbst eben? Aber wie soll er sich das Produkt selbst verkaufen, wenn er es nicht kennt?«

»Ich möchte das mal probieren! Können wir das Gespräch noch einmal führen?«, fragt ein Teilnehmer mit Münchner Akzent.

»Gern, Herr Nutz! Wir haben also gerade geklärt, wofür ich meinen bisherigen Kopierer einsetze, okay? Bis zu der Stelle war ja alles gut.«

»Frau Krall, wenn ich mir das alles so klarmache, haben Sie echt vor sechs Jahren ein super Gerät gekauft. Es gibt eigentlich fast nix, was daran nicht in Ordnung wäre. Mir fällt da nur auf, dass die sechs Kopien pro Minute arg wenig sind – zumal wenn fünf Leute auf das Teil zugreifen. Unser Modell schafft dreißig Kopien pro Minute bei sonst ähnlichen Fähigkeiten –« Herr

Nutz zögert, überlegt, fährt dann fort: »Frau Krall, wäre das für Sie interessant?«

»Na ja, Herr Nutz, lassen Sie mich mal nachdenken, das wäre ja fünfmal schneller als jetzt, oder?« Die Trainerin geht auf das Spiel ein und gibt sich als Kundin.

»Richtig, Frau Krall.« Nutz nickt, sagt sonst nichts, aber schaut mit erwartungsvollem Gesicht auf die »Kundin«. Diese denkt laut nach: »Fünfmal schneller – das wäre schon nicht schlecht, weil heute oft eine Sekretärin noch kopiert, wenn die nächste herauskommt und auch kopieren möchte.«

»Aha, ich verstehe – und dann muss die zweite warten? Das ist ja dumm!«

»Vorsicht, Herr Nutz, das sage ich Ihnen kurz als Trainerin: Sie haben gut begonnen, aber jetzt erklären *Sie* mir wieder, was gut und was schlecht ist! Also?«

Nutz runzelt die Stirn und korrigiert sich dann: »Oh, stimmt, also noch mal: Die zweite muss dann eben ein wenig warten – wäre das denn so schlimm, Frau Krall?«

»Oh ja! Ich bezahle die doch nicht fürs Rumstehen auf dem Flur! Und wissen Sie, was noch schlimmer ist? Manchmal fangen die dann das Reden an, und am Ende kopiert keine von beiden, sondern sie reden nur noch!«

»Verstehe, dann haben Sie keinen Papierstau, sondern Sekretärinnenstau an Ihrem Kopierer?« Die Teilnehmerrunde lacht. Herr Nutz nimmt Fahrt auf: »Das ist dann also doch nix mit dem Multitasking, gleichzeitig kopieren und reden geht halt net. Aber, Frau Krall, warum lassen Sie die nicht mal auch ein Schwätzchen halten, das dauert doch sicher nur drei bis vier Minuten?«

»Herr Nutz! Es waren auch schon vier von fünf Damen am Kopierer, keine hat kopiert, und ich schätze mal, die waren sicher schon zehn Minuten dort – das macht zusammen fast eine Stunde bezahltes Schwätzen! Man sieht, dass Sie kein Unternehmen lenken!« Maria Krall zeigt mit dem Daumen nach oben, damit Herr Nutz sieht, dass er seine Rolle sehr gut macht, während sie die empörte Kundin spielt.

Die Teilnehmerin mit der leuchtend türkisenen Bluse übernimmt spontan: »Frau Krall – das sind doch nur zehn Minuten! So viel Schaden kann das doch nicht anrichten, bestimmt sind die dann auch vergnügter, wenn sie wieder in ihren Büros sind.«

»Und während sie vergnügt im Flur schwatzen und mich unnötig Geld kosten, Frau Fürst, klingeln in den Büros die Telefone und die Kunden erreichen niemanden!«

»Na, die Kunden rufen doch ganz sicher später noch mal an?«

»Darum geht's nicht! Es ist total wichtig, dass die sofort jemanden erreichen, ich möchte gerne so kundenorientiert wie nur möglich sein, und wenn alle im Flur rumstehen, bin ich das ganz sicher nicht!«

»Aber vollständig vermeiden könnten wir das mit unserem Modell auch nicht, fürchte ich.«

»Das ist mir schon klar – aber wenn Ihr Kopierer fünfmal so rasch kopiert, ist die Gefahr fünfmal kleiner, dass ich Stau und Tratsch im Flur habe, und die Chance ist fünfmal größer, dass meine Kunden auch schon beim ersten Anruf jemand erreichen. Was kostet denn Ihr Modell?«

Es ist für einen Moment ganz still. Alle Profis im Raum wissen, dass die Frage nach dem Preis ein klares Kaufsignal ist.

»Kompliment, meine Damen und Herren! Es war noch ein bisschen holperig, aber Sie haben eben gemeinsam Ihr erstes Top-Verkaufsgespräch erarbeitet. Wer hat diesmal den Nutzen ausgesprochen? Die Kundin oder die Verkäufertruppe?«

Die Stimmen der Teilnehmer gehen wild durcheinander: »Die Kundin!« – »Der Verkäufer hat nur gefragt!« – »Genau, und dadurch kam die Kundin dann nach und nach selbst auf ihren Nutzen, oder?« – »Ja, und *er* hat sich eher noch blöd gestellt!« – »Das war schräg – auf die Art hat sich die Kundin den neuen Kopierer ja praktisch selbst verkauft!«

»Richtig, Herr Hauer«, greift Maria Krall die Gedanken dieser angeregten Diskussion auf. »Und daher gibt es auch keinen Einwand am Schluss: Wenn die Kundin überlegt, ob der Verkäufer ihr das aufgeschwatzt hat, wird sie eher denken, nein, nein, der hat es ja gar nicht mal so richtig verstanden, wie wichtig das alles für mich ist! Wir werden natürlich in unserem Seminar auch noch das Thema Einwandbehandlung besprechen und üben. Ich kann Ihnen aber schon an dieser Stelle sagen, dass nach meiner Erfahrung die Einwände Ihrer Kunden fast gegen Null gehen, wenn Sie das Gespräch nach dem Prinzip des ausgesprochenen Nutzens aufbauen und führen.«

»Cool«, hört man noch – und dann wird der Monitor dunkel.

Pitt guckt auf den Monitor: »Das waren 21 Minuten, keine zehn!«

»Ich brauche jetzt einen Moment, um das sacken zu lassen«, schnauft Martin. »Die Kundin hat sich das Produkt selbst verkauft – und der Verkäufer hat ihr fast abgeraten, hat ihre Einwände bagatellisiert?« Er schüttelt den Kopf.

»Das mit dem Abraten war ein bisschen übertrieben, die haben das ja eben erst ausprobiert – grundsätzlich nennt man das ja Advocatus Diaboli spielen, den Anwalt des Teufels – also zur einen Seite halten, um die andere zu provozieren.« Auch Pitt ist nachdenklich: »Aber an dem Grundprinzip ist etwas dran.«

»Das, was die hier immer den Nutzen nennen: Wir haben das im Zusammenhang mit Krüger und dem Warewälzen Sinn genannt, oder?«, fragt Martin langsam.

»Ja. Den Sinn des Wälzens der Ware hast du doch Herrn Krüger in sechs Schritten erklärt: Wieso es für ihn sinnvoll ist, das zu machen. Genauso gut könnte man sagen, du hast ihm erklärt, wieso es für ihn einen persönlichen Nutzen hat, das zu tun.«

»Und der Trick ist jetzt, den Mitarbeiter das selbst herausfinden zu lassen? Ich bin doch aber kein Verkäufer, der muss doch bei mir keine innere Zensur oder Alarmanlage aktivieren? Ich bin doch sein Chef!«

»Und du meinst, das ist nicht so schlimm?« Pitt lacht und hebt die Flasche: »Prost!«

Diesen Abend sucht sich Martin schon vor dem Einschlafen sein Notizbuch und trägt nur einen Satz ein, bevor er sich hinlegt.

- Wichtig ist, dass der Kunde sich das Produkt selbst verkauft.

Direkt nachdem er liegt, steht er noch einmal auf und ergänzt:

- Wichtig ist also, dass meine Mitarbeiter selbst herausfinden, weshalb sie etwas tun sollen!

Heute schläft Martin innerhalb von drei Minuten ein.

Die Psychologen stimmen zu

Über Nacht hat sich Martins Eindruck gefestigt, am Abend zuvor eine Art von Durchbruch erlebt zu haben. Beim Frühstück hat er so gute Laune wie seit vielen Monaten nicht mehr: Lächelnd legt er sich noch eine Scheibe Käse zusätzlich auf seinen Toast. Hannah beobachtet ihn erfreut und fragt schließlich: »Willst du darüber reden?«

»Gar nicht so blöd, dein bayerischer Coach – das muss ich zugeben. Ich habe gestern einen richtig cleveren Hinweis von ihm bekommen, beziehungsweise von einer Kollegin, Maria Krall.« Martin ist in Gedanken schon so stark damit beschäftigt, das Gehörte auf seine nächsten Mitarbeitergespräche zu übertragen, dass er Hannah gegenüber nicht länger den distanzierten Skeptiker geben kann. Er erzählt ausführlich von dem, was er gestern Abend gemeinsam mit Pitt bei der Verkaufsschulung gelernt hat. »Das ist echt genial – das hab ich noch nie zuvor in einer Führungsveranstaltung gehört, und ich wäre auch nicht von allein auf diesen Gedanken gekommen: Der Mitarbeiter muss sich selbst klarmachen, wieso er etwas tun soll – meine Aufgabe besteht darin, ihm dabei zu helfen, es herauszufinden. Ich war so stolz, wie gut ich neulich dem Mitarbeiter den Sinn einer Tätigkeit erklärt habe – dabei hätte ich besser daran getan, das Gespräch so zu führen, dass er *selbst* den Sinn entdeckt!«

Hannah freut sich, dass Martin für das Coaching Feuer gefangen hat. So lange schon war er morgens nicht mehr gut gelaunt gewesen, so lange schon wirkte er angestrengt – heute wirkt er beflügelt. Trotzdem verkneift sie sich, ihn in seiner Begeisterung über Steve Wilhelm zu bestärken, weil sie ahnt, dass sie ihn damit trotz allem wieder bremsen könnte. Später erinnert sie sich beim Nachdenken über die Geschichte des »ausgesprochenen Nutzens« an etwas, was sie einmal in ihrem Psychologiestudium gelernt hat. Bevor sie selbst das Haus verlässt, geht sie in ihr Bürozimmer und kramt in ihren alten Büchern und Unterlagen. Und da ist es!

Selbstwahrnehmungstheorie

Dorsch – Lexikon der Psychologie, Kapitel Sozialpsychologie. Verschiedene Theorien zur Frage »Wie erreiche ich wirksame Einstellungsveränderungen bei anderen Menschen?«[3]

> *Die Selbstwahrnehmungstheorie ist eine von Daryl Bem [Bem 1972] entwickelte Theorie über die Entstehung von Einstellungen (...). Sie postuliert, dass Menschen durch die Beobachtung ihres eigenen Verhaltens (...) und der Situationen, in denen das Verhalten gezeigt wird, auf ihre Einstellungen schließen.*

Hannah blättert weiter, zieht noch andere Lehrbücher hervor. Bald sieht sie, dass es dutzende von spannenden Experimenten und Studien gibt, die im Kern bestätigen, was auch die unveröffentlichte Untersuchung des amerikanischen Unternehmens gezeigt hat: Wenn man Menschen dazu bringt, eine öffentliche Aussage zu einem Thema zu machen, dann richten diese Menschen ihr späteres Verhalten sehr oft nach dem aus, was sie zuvor gesagt haben.

- Beispielsweise rief ein Forscher unter dem Vorwand der Marktforschung bei einer Anzahl von Personen an. Dabei fragte er auch, was die Interviewten tun würden, wenn sie

3 Wirtz, 2014

beim Spendensammeln für die Krebshilfe helfen sollten. Viele der Teilnehmer sagten, dass sie so etwas natürlich gerne tun würden. Als dann einige Tage später tatsächlich ein Helfer der Amerikanischen Krebshilfe darum bat, erklärten sich aus dieser Gruppe siebenmal mehr Personen dazu bereit als aus einer nicht vorher kontaktierten Vergleichsgruppe[4].

- Nur 17 Prozent einer Gruppe Hauseigentümer stimmten zu, in ihrem Vorgarten ein riesiges Schild »Augen auf im Straßenverkehr!« zu platzieren, während in einer anderen Gruppe von Hauseigentümern 76 Prozent zustimmten. Was war der Unterschied: Die Menschen der zweiten Gruppe waren von Wissenschaftlern eine Woche zuvor gebeten worden, ein sehr kleines Schild mit der Aufschrift »Fahren Sie vorsichtig!« irgendwo sichtbar auf ihrem Grundstück anzubringen[5].

Maria Krall erklärte im Video die starke Wirkung der Top-Verkaufsgespräche dadurch, dass die Kunden gegenüber der Aussage eines Verkäufers innere Vorbehalte entwickeln würden, gegenüber den eigenen Aussagen hingegen nicht. Daryl Bem hat in seiner Selbstwahrnehmungstheorie eine andere These: Alle Menschen beobachten sich und ihr Verhalten pemanent selbst und ziehen daraus Schlussfolgerungen, welche Einstellungen sie zu verschiedenen Themen haben »müssen«. Beobachte ich mich also zum Beispiel dabei, dass ich ein kleines Schild »Fahren Sie vorsichtig!« an meinem Haus anbringe, interpretiere ich das dahingehend, dass ich jemand bin, der sich öffentlich für Verkehrssicherheit einsetzt. Mein Selbstbild schließt ab jetzt dieses Element mit ein. Werde ich später gebeten, zum Thema Verkehrssicherheit ein riesiges Schild im Garten aufzustellen, passt es zu meinem neuen Selbstbild, diesem Wunsch ebenfalls zuzustimmen.

---

4 Sherman, 1980
5 Freedman & Fraser, 1966

Ein anderer faszinierender Ansatz der Forschung bestätigt zudem eine Kernaussage der Verkaufsschulung:

- In einem Experiment verboten die Wissenschaftler Jungs in verschiedenen Gruppen an einem bestimmten Tag in der Woche, mit einem Roboter zu spielen. Sie drohten den Jungen der einen Gruppe mit einer Strafe, falls sie sich nicht daran halten würden – in der anderen Gruppe verzichtete man auf diese Drohung. Am entsprechenden Tag in der ersten Woche hielten sich gleich viele Jungs aus beiden Gruppen an das Verbot. Sechs Wochen später hielten sich noch 77 Prozent der Jungs, denen man *nicht* mit einer Strafe gedroht hatte, an das Verbot, aber nur 33 Prozent der Jungs, denen man Wochen vorher eine Strafe angedroht hatte[6].

- Belohnte man Erwachsene dafür, eine bestimmte Aussage zu machen, standen sie später nicht so stark hinter der Aussage wie Erwachsene einer Vergleichsgruppe, wo man diese Aussage *nicht* mit einer Belohnung verknüpft hatte.

Die Selbstwahrnehmungstheorie erklärt diese erstaunlichen Ergebnisse folgendermaßen: Für die Jungs aus der ersten Gruppe ist die Strafe der einzige Grund, nicht mit dem Roboter zu spielen. So bleibt der Roboter grundsätzlich interessant. Wenn die Erinnerung an die angedrohte Strafe verblasst, wird das Spielen nachgeholt. Bei den Jungs aus der zweiten Gruppe, die nicht mit dem Roboter spielen, obwohl ihnen keine Strafe droht, kommt es zu dem entscheidenden, zunächst überraschenden Effekt: Diese Jungs beobachten an sich selbst, dass sie ohne äußeren Grund auf den Roboter als Spielzeug verzichten. Der Knackpunkt: Unter bestimmten Bedingungen schließen wir Menschen aus unseren Handlungen auf unsere inne-

6 Freedman & Fraser, 1966

ren Befindlichkeiten – und nicht umgekehrt. So läuft es auch hier: Diese Jungs stellen fest, dass es einen Grund dafür geben muss, dass sie nicht mit dem Roboter spielen. Da keine Strafe im Raum steht, bleibt nur die Schlussfolgerung, dass er wahrscheinlich nicht mehr so attraktiv ist. Sie ändern infolgedessen ihre Einstellung zu diesem Spielzeug und finden den Roboter tatsächlich nicht mehr so spannend wie zuvor!

Der Mechanismus greift, wenn wir für ein Verhalten belohnt werden oder wenn wir dasselbe Verhalten ohne Belohnung ausführen. Im ersten Fall liefert die Belohnung zugleich auch die Erklärung für das Verhalten. Im anderen Fall, ohne Belohnung, folgern wir aus unserem Verhalten (nämlich der Erklärung, dieses und jenes tun oder lassen zu wollen), dass wir auch tatsächlich so denken und fühlen. Ohne Strafe, ohne Belohnung verändert sich das Verhalten also dauerhaft, da sich das Selbstbild verändert.

Die Selbstwahrnehmungstheorie erklärt also, weshalb diese Gesprächsführungstechnik – den anderen sagen zu lassen, was wichtig ist – so erfolgreich ist: Der Kunde hat sich selbst dabei beobachtet, wie er die Vorzüge des neuen Kopiergerätes benannt hat. Daraus wird er wahrscheinlich schließen, dass ihm dieses Gerät wirklich gefällt – er selbst hat ja gerade gesagt, dass es ihm täglich nützt! Es ist daher nur konsequent, wenn er es ohne Zögern bestellt.

Die Experimente über die Wirkung von Belohnung oder Bestrafung erklären, weshalb es sehr clever ist, wenn der Verkäufer – in Maßen – die Position des Advocatus Diaboli übernimmt: Der Kunde erlebt das Verkaufsgespräch so, als würde er nicht wegen des Verkäufers, sondern sogar gegen den Verkäufer seine Meinung zum Produkt entwickeln und behaupten. Diese Meinung muss also ganz allein seine eigene Meinung sein, das ist aus seinem eigenen Verhalten glasklar zu schließen. Auch aus diesem Grund will er das Produkt am Ende des Gesprächs ohne Vorbehalte kaufen.

Hannah überlegt längere Zeit, wie Martin es aufnehmen würde, dass das »Geheimnis des Top-Verkäufers« in der psychologischen Forschung gar kein Geheimnis ist. Sie weiß, wie ambivalent er manchmal reagiert, wenn sie ihm wissenschaftliche Erkenntnisse präsentiert. Als er abends nach Hause kommt, beschließt sie, ihm die Bücher und Unterlagen mit einem freundlichen Kommentar zu überlassen: »Schau mal – was hier steht, bestätigt und erklärt das, was du mir heute früh erzählt hast!«

Martin vertieft sich sofort in die Unterlagen, ist beinahe zwei Stunden nicht ansprechbar. Dann legt er die Fachbücher beiseite und setzt sich zu ihr auf die Couch: »Beeindruckend, wie Theorie und Praxis sich ergänzen. Diese ganzen Studien zeigen aus einer anderen Richtung, wie wichtig es ist, einen guten Dialog auf die Beine zu stellen. Was ich mit Krüger gemacht habe, war ein Monolog. Ich war nicht schlecht, ich hatte alle Punkte drin, die wichtig waren – aber ich war eben nur ein guter Verkäufer, kein sehr guter Verkäufer. Wenn ich ein sehr guter Chef sein will, muss ich Krüger und alle anderen Mitarbeiter zum Reden bringen, nicht nur zum Zuhören. Das hat der Steve auch gemeint mit dem Spruch: Motivation hat etwas mit Bewegung zu tun. Die Krügers unter den Mitarbeitern müssen *selbst* aktiv sein, *sie* müssen die wichtigen Punkte benennen. Mein Job ist es, sie dazu zu bringen!«

Hannah merkt, dass Martin zum ersten Mal »Steve« sagt, und lächelt.

Später am Abend notiert Martin auf seinen Block:

- Wenn mein Mitarbeiter selbst herausfindet und selbst begründet, weshalb eine Aufgabe wichtig ist, ändert sich in diesem Moment sein Selbstbild, er verwandelt sich – in seiner eigenen Sicht – in eine Person, für die diese Aufgabe wichtig geworden ist.

Lektion 4: Wer hat den Ball?

Hannah Dampf lächelt, wenn sie an das heutige Frühstück zurückdenkt: Es tat gut, ihren Mann endlich wieder mit seinem typischen Elan und seiner früheren Zuversicht zu erleben. Sie muss sogar kurz lachen, als sie sich an seine fröhlichen Worte beim Abschied an der Haustür erinnert: »Weißt du, Hannah, heute *hoffe* ich richtig, dass einer meiner Mitarbeiter etwas falsch macht – dann kann ich das ausprobieren, was ich gestern gelernt habe!«

»Das ist eine gute Einstellung!«, hatte Hannah erwidert – und innerlich gehofft, dass ihrem Göttergatten klar sein möge, dass noch kein Meister vom Himmel gefallen ist. Wenn man etwas Neues ausprobiert, dann ist es sehr unwahrscheinlich, dass man gleich auf Anhieb alles so perfekt macht, wie man sich das in der Theorie vorstellt. Laut gesagt hat sie das nicht, um Martin nichts von seinem erfrischenden Schwung zu nehmen.

Tatsächlich muss sich Martin heute Morgen nicht intensiv auf Fehlersuche begeben – es genügt, ganz normal durch die Abteilung zu gehen, um ein Thema zu finden: In einigen Regalen klaffen große Lücken, wo Kunden Ware herausgenommen haben. Die zuständige Mitarbeiterin hat offenbar schon seit einigen Tagen versäumt, diese Stellen zu »spiegeln« – also die restlichen Packungen von hinten nach vorn zu ziehen, damit die Lücken an der vorderen Regalfront verschwinden. Nach Ansicht von Martin hatte sie dafür genügend Zeit: Er erinnert sich daran, sie mehrmals täglich in der Raucherecke gesehen zu haben. Nun will er das Thema in der neuen Art klären und bittet die Kollegin in sein Büro. Er sagt sich nochmals: »Wer fragt, führt!«, bevor er das Gespräch mit einem freundlichen Lächeln eröffnet.

»Frau Briegel, ich möchte mit Ihnen heute über das Spiegeln der Ware sprechen. Ich gehe davon aus, dass Sie wissen, was das ist?«

»Ja, natürlich: Die Ware im Regal muss immer wieder vorgezogen werden.«

»Sehr gut, Frau Briegel. Nun, weshalb machen wir das?«

»Weil sonst der Verkaufsleiter schimpft!«

»Hm, ja, stimmt. Was meinen Sie: *Weshalb* ärgert sich der VKL, wenn die Ware nicht vorgezogen wird?«

»Na, wegen der Lücken im Regal!«

Martin runzelt die Stirn und konzentriert sich auf seine nächste Frage: »Frau Briegel, was denken Sie, wieso will der Verkaufsleiter denn keine Lücken in den Regalen?«

»Weil dann der Geschäftsführer mit ihm schimpft.«

»Ja schon, aber haben Sie sich denn schon mal überlegt, weshalb die das *alle* nicht möchten?«

»Nein, eigentlich nicht.«

Martin hat das Gefühl, dass sich das Gespräch im Kreis dreht. Bevor ihm die Gesprächsführung ganz entgleitet, probiert er deshalb einen anderen Ansatz: »Frau Briegel, jedenfalls ist Ihnen ja dann bekannt, dass wir darauf achten, keine Lücken in den Regalen zu haben. Nun bin ich vorhin durch Ihre Abteilung gegangen und habe auf Anhieb zehn bis fünfzehn Lücken entdeckt. Können Sie mir sagen, woran das liegt?«

Frau Briegel schaut vorwurfsvoll und antwortet in verletztem Ton: »Allerdings! Gestern musste ich zweimal eine halbe Stunde an der Kasse aushelfen, heute haben mich bestimmt schon acht verschiedene Kunden angesprochen und nach verschiedensten Sachen gefragt, die gar nicht in meiner Abteilung sind. Und bestimmt wissen Sie ja auch, Herr Dampf, dass ich den Azubi mitbetreue und außerdem zwei Kolleginnen schon seit einer Woche krank sind!«

Es sprudelt nur so aus der Mitarbeiterin heraus. Martin hat das Gefühl, in ein Wespennest gestochen zu haben, und versucht es noch mal anders: »Okay, Frau Briegel, das ist natürlich alles nicht so einfach. Dann sagen Sie mir doch mal, was Sie für Vorschläge haben, damit wir trotz all dieser äußeren Umstände zukünftig das Problem der Lücken im Regal nicht mehr haben werden?«

Die Antwort von Frau Briegel kommt wie aus der Pistole geschossen: »Stellen Sie mehr Leute ein!«, sagt sie und schaut ihren Marktleiter triumphierend an.

Martin überlegt kurz, ob er das Gespräch jetzt auf die vielen Raucherpausen bringen soll. Immerhin könnte man ja argumentieren, dass man weniger Leute einstellen müsste, wenn die Kollegen nicht so viel rauchen würden. Intuitiv entscheidet er sich dagegen. Er fühlt sich bereits jetzt wie ein Elefant im Porzellanladen, und um nicht vollkommen in die Defensive zu geraten, stellt er mit letzter Kraft noch klar: »Mehr Leute können wir nur einstellen, wenn wir mehr Umsatz machen. Und mehr Umsatz machen wir, wenn wir unsere Kunden zum Kaufen animieren. Die Lücken in den Regalen, Frau Briegel, bewirken das Gegenteil: Unsere Kunden finden die Ware nicht, und der Laden sieht auch nicht gerade einladend aus, wenn die Regale halb leer sind.«

Er hat zwar nach seinem Dafürhalten gerade noch das Gesicht gewahrt, weil er zum Abschluss klar in seiner Rolle als Führungskraft seiner Mitarbeiterin die größeren Zusammenhänge erläutert hat. Außerdem hat er den Angriff von Frau Briegel mit einem Gegenangriff gekontert – dennoch ist er mehr als unzufrieden, als er später am Tag den Gesprächsverlauf analysiert. Er überlegt, welche konkreten Fragen er Steve Wilhelm stellen möchte. Wahrscheinlich würde dieser wieder versuchen, ihn mit Gegenfragen selbst zum Nachdenken zu bringen. Daher notiert er selbstkritisch einige prinzipielle Überlegungen als Problemanalyse:

- Der Sinn ihrer Aufgabe bestand für die Mitarbeiterin darin, nicht geschimpft zu werden?!
- Die Frage nach den Gründen hat Frau Briegel als Angriff verstanden.
- Das hatte zwei Konsequenzen:
  1. Sie hat beleidigt reagiert.
  2. Sie hat allen möglichen anderen Dingen die Schuld gegeben, nur nicht sich selbst.
- Frau Briegel hat logischerweise eine »Lösung« nur bei uns und nicht bei sich selbst gefunden.
- Am Ende habe doch wieder ich den Sinn erklärt – besser als nichts, aber das war nicht mein Ziel!
- Vermutlich kann sie das, was ich ihr da erklärt habe, morgen früh schon nicht mehr wiedergeben – ich habe sie damit nach meinem Eindruck überhaupt nicht erreicht!

Martin schüttelt den Kopf. Er war so optimistisch in den Tag gestartet, er war so sicher gewesen, dass ihm das Geheimnis des ausgesprochenen Nutzens seinen Führungsalltag erleichtern würde – genauso sicher ist er jetzt, dass sein erster Versuch fehlgeschlagen ist. Obwohl er seine Stichpunkte noch mehrfach durchliest, kann er sich die Schlüsselfrage, die am Ende für ihn bleibt, nicht beantworten: Was genau ist da schief gegangen?

Als Hannah ihn abends fragend anschaut, winkt er nur ab und packt seine Tasche fürs Fitnessstudio. Er will ihr nicht erzählen, was er erlebt hat. Als er nach dem Training mit Pitt über sein Mitarbeitergespräch redet und den Dialog mehrmals schildert, schüttelt dieser nachdenklich den Kopf. »Ruf diesen Coach an. Die Richtung stimmt, aber wir übersehen einen wichtigen Punkt. Der soll mal wieder etwas tun für sein Geld!«

Klassische Sackgassen

Martin hat den Dialog mit Frau Briegel aus dem Gedächtnis auf einer Seite zusammengefasst und auf einer zweiten noch einmal seine Problemanalyse notiert. Dieses Dokument hat er per E-Mail an Steve Wilhelm geschickt und um den nächsten Coachingtermin gebeten.

Das Telefon klingelt zum vereinbarten Zeitpunkt. Steve Wilhelm ist gewohnt fröhlich: »Hallo Martin! Ich war mir ganz sicher, Sie würden das mit dem ausgesprochenen Nutzen erst ausprobieren, bevor wir uns wieder sprechen – Sie sind wirklich autonom und engagiert, Kompliment! Richtig verblüfft haben Sie mich mit Ihrer Problemanalyse, das war ja eine zusätzliche Fleißarbeit! Da steckt eigentlich schon alles drin, was Sie brauchen, oder nicht?« Der verteilt schon gleich wieder diese Komplimente, denkt Martin, das ist echt eine Masche! Zugleich merkt er, wie er sich über die Anerkennung für die Problemanalyse freut: Der Coach betont sowohl seine Fleißarbeit an sich als auch deren Qualität. Obwohl er das Gefühl hat, dass er in Bezug auf das Gespräch mit Frau Briegel auf dem Schlauch steht, obwohl er spürt, dass er auf die Hinweise von Steve Wilhelm angewiesen ist – er fühlt sich dennoch nicht wie ein Schüler, sondern wie ein fast gleichberechtigter, kompetenter Gesprächspartner. All das tut ihm gut, schon bevor das Gespräch überhaupt begonnen hat.

»Ich weiß nicht«, antwortet Martin. »Ich habe das Gefühl, dass ich kurz davor bin, die Lösung zu erkennen, aber ich komme nicht über die Problemschilderung hinaus, die ich Ihnen ja zusammen mit der Gesprächsbeschreibung zugeschickt habe. Soll ich Ihnen das Gespräch noch genauer schildern?«

»Danke, ich kann mir den Dialog schon ganz gut vorstellen. Wie sagten Sie selbst bei unserem ersten Telefonat: Zeit ist Geld? Lassen Sie uns doch direkt anschauen, was Sie schon erkannt haben – und wo wir den Knoten zum Platzen bringen können.«

Martin ist einverstanden und Steve fährt fort: »Gut. Was halten Sie davon, wenn wir Ihre Problemanalyse zusammen durchgehen und aus den geschilderten Problemen die entsprechenden Lösungen entwickeln? Sie sind schon so nah dran, ich glaube, Sie werden es von allein auf den Punkt bringen, wenn wir uns über Ihre Beobachtungen unterhalten.« Martin klickt auf seinem Computer das Dokument mit dem Gesprächsprotokoll und der Problemanalyse an. Er hört Steve auf der anderen Seite der Telefonleitung rascheln und sprechen:

»Schauen wir direkt Ihren ersten Gedanken an: *Der Sinn ihrer Aufgabe bestand für die Mitarbeiterin darin, nicht geschimpft zu werden?!* Das haben Sie gut auf den Punkt gebracht, Martin. Wenn Sie diesen Gedanken weiterdenken, welche Schlussfolgerung ziehen Sie denn daraus?«

»Dass Frau Briegel offenbar vom Typ her recht ängstlich ist und dass sie deshalb Ärger vermeiden möchte. Das hat mich ziemlich beschäftigt, aber ich kann dafür bisher keine Lösungsidee finden.«

»Ich verstehe. Sie haben sich auf den Punkt mit dem Vermeiden von Ärger konzentriert. Das kann ich gut verstehen – es beschäftigt einen, wenn man so etwas von einem Mitarbeiter hört, oder? Ich denke, das sagt schon etwas über die Frau Briegel aus, und vermutlich sagt es auch ein wenig über die Führungskultur in Ihrem Unternehmen aus. Das wäre ein eigenes großes Thema.«

Martin runzelt die Stirn, aber der Coach fährt fort: »Ich will aber jetzt im Rahmen unseres Coachings auf einen anderen Aspekt hinaus. Wir sind doch auf der Suche danach, das Verkäuferprinzip des ausgesprochenen Nutzens im Mitarbeiterdialog anzuwenden. Sie haben Ihr Gespräch mit Frau Briegel sehr gut begonnen, indem Sie nach dem Sinn des Spiegelns der Ware gefragt haben – welche Information haben Sie denn von Frau Briegel bekommen?«

Martin schaut auf seine Gesprächsnotiz: »Da steht, dass der Sinn des Spiegelns für sie darin besteht, dass man nicht mit ihr schimpft.«

»Genau das steht da, und genau das hat sie sich bestimmt gesagt und auch gedacht. Und, Martin: Ist das denn der Sinn des Spiegelns?«

»Nein, natürlich nicht!«

»Sondern?«

Martin ist verwirrt, dann geht ihm ein Licht auf: »Moment ... heißt das, dass für Frau Briegel der eigentliche Sinn des Spiegelns nicht klar ist?«

»Genau! Frau Briegel kennt den Sinn dieser Regelung nicht, oder sie hat vor lauter Konzentration auf das Vermeiden von Ärger nicht mehr im Blick, wofür diese Regelung gut ist. Jetzt haben Sie den Kern gefunden!«

»Aber dann hätte sie doch auch einfach Nein antworten können, als ich sie gefragt habe, ob sie den Sinn dieser Tätigkeit kennt?«, überlegt Martin.

»Welcher Mitarbeiter sagt schon gerne, dass er etwas nicht weiß? Und vielleicht liegt für sie der Sinn ja tatsächlich darin zu vermeiden, dass der VKL mit ihr schimpft.«

»Das ist ein bisschen wie mit der Kathedrale«, murmelt Martin.

»Wie bitte?« Diese Bemerkung hat Steve Wilhelm nicht verstanden.

»Nicht so wichtig. Mir fiel nur ein Spruch von einem Freund ein.«

»Okay. Martin, dann halten wir zunächst fest, dass Frau Briegel Ihnen indirekt mitgeteilt hat, dass sie den Sinn des Spiegelns nicht kennt. Was bedeutet das für Sie als Führungskraft?«

»Ich muss ihr den Sinn erklären«, antwortet Martin und hört, wie sich Steve Wilhelm demonstrativ räuspert. Rasch verbessert er sich: »Pardon. Ich meinte, ich muss ihr dabei helfen, den Sinn selbst herauszufinden! Aber, Steve, Herr Wilhelm, das habe ich versucht! Ich habe gefragt, weshalb der VKL denn schimpft. Da hat sie aber nur gesagt, weil der selbst keinen Ärger mit dem Geschäftsführer möchte. Das wäre doch noch endlos so gegangen!«

»Sagen Sie ruhig Steve zu mir, ich würde mich freuen! Das stimmt schon, das war eine kleine Sackgasse. Frau Briegel ist in die Sackgasse marschiert, Martin Dampf ist hinterhermarschiert und mit ihr gemeinsam dort stecken geblieben. Ich glaube, an dieser Stelle hätte Frau Briegel etwas Hilfe gebraucht, um auf eine neue Idee zu kommen. Wenn einem Mitarbeiter gar keine Antwort einfällt, kann es nützlich sein, ihm eine kleine Brücke zu bauen.«

Martin überlegt. »Ich könnte ja sagen: Welchen Sinn könnte es noch haben?«

»Ja, so in der Art, wobei diese Frage recht allgemein ist. Geht es einen Tick konkreter, ohne gleich alles zu verraten?«

»Okay, ich könnte die Kollegin fragen, welchen Unterschied es für unsere Kunden macht, ob die Ware vorn oder hinten steht. Dann wäre die Brücke konkreter, aber sie muss noch immer selbst die Idee entwickeln.«

»Perfekt«, lobt Steve Wilhelm. »Wissen Sie noch, was Sie stattdessen im Gespräch gefragt haben?« »Ja, ich habe sie konfrontiert, dass ich in ihrem Bereich viele Lücken im Regal gefunden hatte, und ich habe sie gefragt, weshalb diese Lücken da wären.«

»Lieber Martin – das ist eine der häufigsten Fragen, die Führungskräfte stellen. Und das, obwohl diese Frage fast immer in eine Sackgasse führt! Es ist genauso, wie Sie es notiert haben, Martin: Wenn die Frage nach den Gründen als Angriff verstanden wird, kann das verletzend wirken und der Mitarbeiter geht in eine Verteidigungshaltung. Er gibt allem anderen die Schuld, einfach um von sich selbst abzulenken. Was folgt unmittelbar aus dieser Erkenntnis? In Ihrer Gesprächsanalyse sind die Lösungen alle schon enthalten, man muss das nur zu Ende denken, was Sie erlebt haben!«

»Sie meinen ... – ich sollte nicht nach den Gründen für ein Problem fragen? Nie?« Martin ist etwas verwirrt.

Der Coach lacht: »So einfach ist es leider nicht. Das Wort ›nie‹ können wir bei Menschen selten anwenden, vielleicht sogar nie ...« Martin überhört die Ironie, er hat gerade keinen Sinn für Wortspiele, denn sein Hirn arbeitet auf Hochtouren.

»Überlegen Sie mal selbst«, sagt Steve Wilhelm schließlich: »Wann wäre es in Ordnung, nach den Gründen zu fragen?« Martin denkt nach und sagt schließlich. »Wenn jemand immer gute Arbeit abliefert und dann plötzlich nachlässt. Da würde ich schon gern wissen, was los ist. Vielleicht braucht sie oder er ja Hilfe?«

»Genau. Hier möchten Sie die Gründe kennen, denn Sie müssen prüfen, ob dieser Mitarbeiter vielleicht Ihre Unterstützung benötigt. Wenn etwas nicht mehr klappt, was sehr lange gut geklappt hat, ist Nachfragen also normal und sinnvoll. Und in welchen Fällen würde das Nachfragen in eine Sackgasse von Verteidigung und Schuldzuweisung führen?«

Auch hier braucht Martin etwas Zeit, um eine Antwort zu finden: »Bei solchen Leuten, die immer wieder etwas verbummeln?«

»Ja, die Richtung stimmt. Es schadet zwar auch dann nichts, einmal nach dem Warum zu fragen – wenn ernst zu nehmende Gründe auftauchen, ist das ja in Ordnung. Wenn nicht, können Sie immer noch mit der Mutter aller Fragen den Ball zurück auf die andere Seite spielen.«

»Mutter aller Fragen? Ball? Was ist denn das überhaupt immer mit dem Ball?« Martin kommt nur noch schwer hinterher, weil er über fast jeden Satz länger nachdenken möchte. Er hat das Gefühl, den Faden zu verlieren.

»Jetzt war ich zu schnell, entschuldigen Sie bitte. Ich möchte kurz noch einen Blick auf Ihre letzten beiden Gedanken der Problemanalyse werfen. In einer Minute erkläre ich Ihnen, was ich mit dem Ball und dem Feld meine. Lesen Sie noch einmal, was Sie am Schluss notiert hatten – wir können direkt beide Gedanken zusammen anschauen: Merken Sie etwas? Ihre abschließende Vermutung hängt direkt zusammen mit der Beobachtung, die Sie davor notiert haben.«

»Ja, das stimmt. Ich kam nicht weiter, Frau Briegel hat den Sinn der Aufgabe nur darin gesehen, keinen Ärger zu bekommen. Dann hat sie sich verteidigt, als ich sie auf die Lücken angesprochen habe – alle anderen sollten etwas ändern, nur sie selbst nicht. Ich war verwirrt, wollte aber in jedem Fall das mit dem Sinn klären, und dann habe ich es eben selbst erklärt. Ja, und Sie haben recht, das hängt beides zusammen: Weil ich es erklärt habe, hat sie es nicht ›gekauft‹, und vermutlich wird sie es schon am nächsten Morgen wieder aus dem Blick verloren haben.«

»Bingo. Genau so sehe ich das auch, lieber Martin. Was lernen wir also unmittelbar aus Ihrer sehr präzisen Problemanalyse?«

Martin denkt nach: »Frau Briegel muss von selbst darauf kommen. Ich sollte sie nicht abschweifen lassen. Und ich sollte selbst nicht abschweifen.« Er schweigt kurz, dann fügt er an: »Aber es ist so verdammt schwer zu entscheiden, wann man abschweift und wann man auf dem Weg zum ausgesprochenen Nutzen ist!«

Der Ball, das Feld, der Fokus

Steve Wilhelm stimmt zu: »Das ist mit das Schwerste. Gerade deshalb habe ich einmal das Bild vom Ball entwickelt. Die Frage lautet für mich immer, wer hat gerade den Ball? Vielleicht liegt das daran, dass ich gern Tennis spiele – egal. Wer soll arbeiten, Martin? Sie oder Ihr Mitarbeiter? Wer soll Ware wälzen oder nach vorn ziehen? Erinnern Sie sich, was Sie gesehen haben, als ich Sie bat, die Videoaufzeichnung Ihres Gesprächs mit Herrn Krüger schnell laufen zu lassen?«

»Ja klar, ich habe mich zum Narren gemacht in dem Moment.«

»Nein, Martin. Sie haben gearbeitet. Das Problem war dabei, dass Sie eigentlich Ihren Mitarbeiter in Bewegung versetzen wollten – aber die ganze Zeit hat man nur Sie zappeln sehen, erinnern Sie sich?«

»Diesen doofen Anblick werde ich nie vergessen«, knurrt Martin.

»Ausgezeichnet!« Steve Wilhelm am anderen Ende der Leitung freut sich. »Das führt mich zu der Frage nach dem Ball. Derjenige, der den Ball hat, das ist derjenige, der strampelt und in Bewegung ist. Wenn Sie das einmal richtig klarhaben, dann haben Sie den Kompass, den Sie benötigen für Ihre Gespräche. Dann wissen Sie, dass Sie darauf achten müssen, dass der Ball der Verantwortung immer wieder bei Ihrem Gesprächspartner landet – wenn Sie möchten, dass der sich in Bewegung setzt.«

Martin versucht, dieses Bild auf seine Dialoge mit Herrn Krüger und Frau Briegel anzuwenden. »Bei Krüger hab ich gestrampelt. Da hatte also nur ich den Ball? Und bei Frau Briegel – da ging er einige Male hin und her?«

»Bei Herrn Krüger haben Sie den Ball gar nicht abgespielt. Krüger musste oder durfte passiv bleiben, er konnte höchstens mal nicken oder mit den Schultern zucken. Bei Frau Briegel haben Sie den Ball anfangs gut über das Netz geschossen, als Sie fragten, ob sie den Sinn des Spiegelns kennen würde. Aber als der Ball einige Male zurückkam, haben Sie ihn am Ende dann doch irgendwann behalten und Frau Briegel den Sinn erklärt, anstatt sie selbst darauf kommen zu lassen. Eine Verbesserung gegenüber Herrn Krüger ... – aber noch nicht so, wie Sie es haben möchten in Bezug auf den ausgesprochenen Nutzen.«

»Und Ball, Steve, ist gleichbedeutend mit Verantwortung? Gleichbedeutend mit Zuständigkeit?« Martin sucht nach den passenden Worten. Aus seinem Hörer klingt ein ermunterndes Brummeln, und Martin entwickelt seinen Gedanken weiter: »Frau Briegel sollte wissen, weshalb sie die Ware vorzieht.

Sie ist zuständig für das Vorziehen, und damit das verlässlich klappt, sollte sie wissen, weshalb sie das tut. Ich als Führungskraft bin zuständig dafür, dass Frau Briegel diese Aufgabe regelmäßig und verlässlich ausführt. Dafür ist es hilfreich, dass sie den Sinn des Ganzen erfasst, noch besser sogar, dass sie den Nutzen der Sache für sich persönlich versteht. Meine Aufgabe als Führungskraft ist, dass Frau Briegel das klar vor Augen hat. Oh, und es ist zugleich auch in meinem Interesse als Führungskraft, oder nicht?«

»Besser hätte ich es nicht ausdrücken können, Martin. Gut zusammengefasst!«

»Und was war mit der Mutter aller Fragen? Wie passt das hier dazu? Wenn Frau Briegel den Sinn beziehungsweise Nutzen entdeckt hat, dann soll ich die Mutter aller Fragen stellen?« Martin ist zwar schon ziemlich erschöpft, doch das möchte er gerne verstehen.

»Wir haben schon so viel besprochen heute, Martin, und unsere offiziellen zehn Minuten sind auch schon weit überschritten. Lassen Sie erst mal sacken, was wir jetzt besprochen haben. Zu Ihrer Frage schreibe ich Ihnen in den nächsten Tagen eine E-Mail. Sie müssen ja nicht unbedingt vorher schon Ihr nächstes Mitarbeitergespräch durchführen.«

Heute wartet Martin nicht bis zum Abend, um sich die wichtigsten Gedanken des Telefonats zu notieren. Er nimmt direkt seinen Block, blättert zur nächsten freien Seite und schreibt sich folgende Überlegungen auf:

- Man sollte nicht davon ausgehen, dass Mitarbeiter immer die gleiche Vorstellung vom Sinn einer Aufgabe haben wie die Führungskraft.
- Wenn der Mitarbeiter nicht von selbst darauf kommt, wofür eine Aufgabe nützlich ist, dann sollte die Führungskraft nicht erklären, sondern mithilfe von gedanklichen Brücken

den Mitarbeiter dabei unterstützen, die Antwort selbst zu finden.

- Weil man nicht jeden Gesprächsverlauf vorhersehen kann, ist als Orientierung das Bild vom »Ball« hilfreich: Ich sollte als Ziel für jeden Gesprächsmoment haben, dass ich dem Mitarbeiter den Ball der Verantwortung zuspiele.
- Ich sollte auch damit rechnen, dass er ihn einige Male zurückspielt:
  - den Ball zum Chef spielen tut ein Mitarbeiter beispielsweise, indem er eine wenig kluge Antwort gibt (»Damit ich nicht geschimpft werde«);
  - ob der Mitarbeiter dabei wirklich diese Sicht hat oder ob er sich nur »dumm stellt«, ist egal, wichtig ist, ihm zu helfen, eine klügere Antwort zu finden.
- Die Aufgabe der Führungskraft ist in einem solchen Moment, kleine Hinweise zu geben, Brücken zu bauen – mit dem Ziel, dass der Mitarbeiter zuerst sein Gehirn aktiviert, selbst denkt, und später dann dadurch sein Handeln aktiviert wird.
- Diese Brücken führen dazu, dass der Ball wieder beim Mitarbeiter landet.
- Indem er am Ende entdeckt und ausspricht, weshalb das Erfüllen einer Aufgabe für ihn wichtig ist, wende ich als Führungskraft das Prinzip des ausgesprochenen Nutzens der Top-Verkäufer an.

Martin nimmt sich vor, das Gespräch mit Frau Briegel schon bald erneut zu führen und dabei seinen Blick ganz auf den Ball zu konzentrieren. Wenn die E-Mail von Steve Wilhelm vorher eintrifft, ist es gut, wenn nicht, traut er sich zu, auch ohne weitere Tipps ein zielorientiertes Gespräch zustande zu bringen. Für ihn ist das Gesprächsziel jetzt klar: Frau Briegel soll ihre geistige Arbeit verlässlich ausführen, sie soll die Regale »vorziehen«, also die Ware ansprechend platzieren – daher soll sie auch die geistige Arbeit tun und erkennen und benennen, wofür diese Tätigkeit gut ist. Wenn sie nicht von allein darauf kommt, dann wird er eben Brücken für sie bauen.

Lektion 5: Die Mutter und der Ball

Schon am nächsten Tag sitzt Martin Dampf erneut mit Frau Briegel in seinem Büro. Die Mitarbeiterin ist sichtlich verblüfft, dass sie schon wieder »zum Chef muss«; sie wirkt etwas erschrocken und defensiv. Martin hat sich auf das Gespräch gut vorbereitet. Im Internet hat er Fotos von Boris Becker und von Tennisplätzen gefunden und ausgedruckt. Außerdem ausgedruckt hat er das Bild eines Vorwerk-Staubsaugers. Diese Bilder hat er vor dem Gespräch auf seinem Schreibtisch platziert. Sie dienen ihm als Gedächtnisanker für die Sache mit dem Ball. Der Staubsauger soll ihn an den Haustürverkäufer erinnern. Schließlich hat er von seinem Neffen eine Spielzeugbrücke aus Plastik ausgeliehen, die er neben die Bilder auf seinen Tisch gestellt hat: Wenn Frau Briegel nicht von selbst auf den Sinn der Aufgabe kommt, wird er ihr eine Brücke bauen.

Er wendet seinen Blick von Brücke und Tennisplatz zu seiner Mitarbeiterin. »Frau Briegel! Wie schön, dass wir uns noch einmal unterhalten können!« Frau Briegel schaut noch erschrockener als zuvor angesichts dieser verdächtigen Freundlichkeitsoffensive. Sie sagt sicherheitshalber nichts. »Angst?«, denkt Martin erstaunt: »War ich sonst so schlimm?« Er räuspert sich: »Unser Gespräch von vergangener Woche hat mich noch sehr beschäftigt, Frau Briegel. Ihre Bemerkungen, dass es bei der Arbeit vor allem darum gehen sollte, dass man nicht ausgeschimpft wird – das hat mich sehr zum Nachdenken gebracht!«

Martin hat diese Eröffnung gewählt, weil sie der Wahrheit entspricht. Neben den ganzen Überlegungen zum Thema »Wo ist der Ball?« tauchte in seinen Gedanken immer wieder die Frage auf, was es denn über das Klima im Markt aussagt, wenn eine wesentliche Motivationsquelle für eine Mitarbeiterin darin besteht, nicht ausgeschimpft zu werden. Pitt, mit dem er über diese Reaktion gesprochen hatte, meinte: »Wenn das eine typische Antwort ist, könnt ihr euch Kundenfreundlichkeitsmaßnahmen sparen: Mitarbeiter, die sich vor Kritik fürchten und ihr Handeln danach ausrichten, sind keine fröhlichen, aus sich heraus motivierten Mitarbeiter – die können gar nicht entspannt und locker mit den Kunden umgehen!« Martin musste Pitt im Grundsatz recht geben: Wer Ärger mit dem Chef fürchtet, strahlt weder Freude noch Freundlichkeit aus.

Jetzt schaut er Frau Briegel so freundlich wie möglich ins Gesicht: »Ich finde, das war ein sehr wertvoller Hinweis auf unser Betriebsklima, liebe Frau Briegel. Schimpfen sollten wir Führungskräfte wirklich nicht – wir sollten Fehler aufzeigen und dabei helfen, sie zu verbessern.«

»Das ist doch das Gleiche«, rutscht es Frau Briegel heraus, die noch immer in der Defensive zu sein scheint.

Martin merkt, dass er auf dem besten Weg ist, sich erneut im Dickicht der Frage »Wer schimpft wen?« zu verheddern. Sein Blick fällt auf Boris Becker: »Frau Briegel, wir kamen ja auf das Ganze, weil ich Sie gefragt hatte, weshalb wir so viel Wert darauf legen, dass die Ware im Regal immer wieder nach vorn gezogen werden sollte. Erinnern Sie sich?« Frau Briegel nickt. Man merkt, dass ihre Taktik in der ungewohnten Situation darin besteht, möglichst wenig freiwillig zu sagen. »Sie meinten, dass es darum gehe, dass keiner schimpft. Der Verkaufsleiter nicht mit uns und der Geschäftsführer nicht mit dem Verkaufsleiter. Natürlich haben Sie damit irgendwie recht – aber vielleicht sind Ihnen in der Zwischenzeit weitere Gründe dafür eingefallen, die Ware immer wieder nach vorn zu holen?«

Martin schaut Frau Briegel erwartungsvoll an, diese schaut mit einem »Bahnhof?«-Gesichtsausdruck zurück. Martin versucht zu helfen: »Können Sie sich denn vorstellen, weshalb es allen Führungskräften, von mir angefangen über VKL und Geschäftsführung bis zum Vorstand, wichtig ist, dass die Ware immer schön vorn im Regal steht?« Er ist stolz auf die Frage und lehnt sich zurück. Frau Briegel runzelt die Stirn und schüttelt den Kopf. »Nein. Es reicht doch, dass Sie das alle gern möchten«, sagt sie schließlich.

»Na ja, das reicht ja offensichtlich nicht, sonst würden Sie es nicht so oft vergessen!« Martin beißt sich auf die Zunge, denn das Gesicht von Frau Briegel verfinstert sich und er merkt, dass er gerade wieder in den Angriffsmodus gewechselt ist. Bevor sie den Mund öffnen kann, um sich wie üblich zu verteidigen, hebt er rasch die Hand: »Das ging gar nicht so sehr in Ihre Richtung, Frau Briegel, das ging in meine. Ich möchte Sie das noch einmal anders fragen.« Sein Blick ruht jetzt auf der Spielzeugbrücke. Brücke bauen. Er konzentriert sich und fragt: »Also. Mal angenommen, der VKL oder ich, wir würden das so wichtig finden, weil es für die Kunden wichtig ist. Was haben unsere Kunden davon, wenn wir alle unsere Regale regelmäßig spiegeln und die Ware immer wieder nach vorn ziehen?«

Er sieht, dass seine Mitarbeiterin jetzt wirklich nachdenkt. Ihre Antwort kommt langsamer als die typischen Abwehrreaktionen, die er von ihr kennt, dafür recht konkret: »Für den Kunden sieht der Markt besser aus, weil die Regale voll aussehen, wenn wir die Ware immer wieder nach vorn ziehen. Nicht so abgefressen. Es ist hübscher, ansprechender – man hat das Gefühl, dass man eine große, reiche Auswahl hat.« Frau Briegels Stimme und Blick gewinnen an Sicherheit, während sie spricht. Martin merkt, dass er stolz ist – und zwar mehr auf sie als auf sich! »Ausgezeichnet!«, ruft er. Er freut sich, dass er die Mitarbeiterin nun loben kann – so kommen wir weg vom Schimpfen. Frau Briegel ist noch im Schwung: »– und er muss auch nicht so weit nach hinten greifen, wenn er ein Produkt haben möchte. Es sieht schöner aus, und es ist bequemer.«

Martin ist begeistert, er schaut auf seine Bilder und sieht den Staubsauger. »Der persönliche Nutzen führt zum Kauf!«, denkt er und sagt: »Perfekt, Frau Briegel! Und sicher haben Sie auch eine Idee, was Sie als Person davon haben könnten?«

»Nö.«

Die Antwort kommt genauso rasch wie ernüchternd. Der Schritt war wohl zu groß, Frau Briegel benötigt noch eine Brücke. Einen Zwischenschritt. Er überlegt und fragt dann: »Können Sie sich denn vorstellen, was das beim Kunden bewirkt? Wenn der Markt überall, wohin er schaut, hübsch und ansprechend aussieht und wenn man es ihm so bequem wie möglich macht?«

»Ja klar, er fühlt sich wohl und er kommt gerne zu uns.«

Zur Abwechslung schaut ihn Frau Briegel nun an, als ob sie von dieser einfachen Frage vollkommen *unter*fordert wäre. Martin stöhnt innerlich: Mal ist die Frage zu schwer, mal erscheint sie der Mitarbeiterin zu einfach – was für ein Eiertanz!

Immerhin hat er weiterhin das Gefühl, dass die Richtung stimmt: »Ganz genau. Und wenn er gerne in den Markt kommt – kommt er dann öfter oder seltener?« Frau Briegels Blick spricht Bände – geduldig erklärt sie ihrem Chef mit einer Stimme, als wäre dieser ein kleines, etwas beschränktes Kind: »Natürlich öfter!« Martin beißt sich auf die Lippen, dann stellt er noch einmal die Frage, die noch vor einer Minute zu früh gewesen war: »Und können Sie sich vorstellen, was das für Sie und für mich und für alle Mitarbeiter hier im Markt bedeutet, wenn die Kunden gerne und oft zu uns kommen?« Langsam entwickelt Frau Briegel Freude daran, ihrem Chef die Welt zu erklären, vielleicht gefällt es ihr auch, für ihre Antworten gelobt zu werden: »Er kommt gerne und oft – und unserem Markt geht es gut, und unsere Arbeitsplätze sind gesichert?«

»Das ist der Punkt, Frau Briegel – herzlichen Glückwunsch! Ich freue mich, dass Ihnen dieser Zusammenhang jetzt klar geworden ist.« Frau Briegel hört gar nicht so genau hin, denn sie ist noch nicht fertig: »Außerdem wird er, wenn er unseren Markt gut findet, das auch weitererzählen, und dann kommen sogar noch mehr Leute zu uns einkaufen«, ergänzt sie ihre Ausführungen. Dann lehnt sie sich zufrieden zurück.

Martin blinzelt überrascht. Stark – seine Mitarbeiterin hat gerade von sich aus und ohne dass er diesen Gedanken momentan im Sinn gehabt hätte, ein weiteres, zutreffendes Argument vorgebracht! Die Dialogmethode gefällt ihm immer besser, sie hat ja richtig positive Nebenwirkungen! Aber wie soll er jetzt weitermachen? Die Frage, die er am liebsten stellen würde, kann er sich gerade noch verkneifen: »Warum *machen* Sie es dann nicht einfach?«, hätte er um ein Haar gefragt – und so die gute Stimmung wieder zerstört. Er zieht die Luft ein. Frau Briegel hat ja den Nutzen, den sie persönlich davon hat, klar und deutlich ausgesprochen. Das war das Ziel des Gesprächs, an diesen Punkt wollte er mit ihr kommen. Was danach sein würde, hatte er sich noch gar nicht überlegt. Er schaut auf Boris Becker, auf die Brücke und den Staubsauger. Nein, sie sind am Ziel des Gesprächs angekommen – nur, was tun, nachdem die Erkenntnis über den Nutzen endlich auch bei Frau Briegel gereift ist?

»Dann … glaube ich, dass Sie in Zukunft in Ihrer Abteilung ganz sicher immer sauber gespiegelte Regale haben werden, Frau Briegel – oder etwa nicht?«

»Suggestiv-Frage, Euer Ehren!«, hört er eine Stimme in sich sagen, als er das »… oder etwa nicht?« ausspricht, und er meint, im Gesicht seiner Mitarbeiterin widersprüchliche Gefühle erkennen zu können.

»Ja, Herr Dampf. Ich werde mich bemühen.«

»Danke für das Gespräch, Frau Briegel, ich freue mich wirklich, dass wir das so gut klären konnten!«

Leckerli sind zwar politisch nicht korrekt ...

Abends nach dem Training berichtet Martin beim Bier im Fitnessstudio seinem Freund Pitt detailliert von dem Gespräch mit Frau Briegel. Er ist voller Elan, aber er hat auch noch einige Fragezeichen: »Es war gut. Besser als neulich jedenfalls, als sie am Ende nur sauer war. Im Verlauf des Gesprächs ist sie etwas aufgetaut. Als ob es ihr Spaß machen würde, nachzudenken. Mir hat es auch Spaß gemacht – das mit dem Ball und mit der Brücke, das waren echt gute Tipps. Oh, und es war Lichtjahre besser als mein Dialog mit Krüger – Lernen macht schon Spaß!«

»Das mit Krüger, das war doch gar kein Dialog, den hast du zugetextet«, brummt Pitt. »Und natürlich macht dir Lernen Spaß — so wie du das erzählst, hat heute deine Frau Briegel auch etwas gelernt. Oder sie hat entdeckt, was sie schon wusste. Jedenfalls glaube ich, dass sie auch Freude daran hatte, von dir ernst genommen zu werden.«

»Ernst genommen? Ich nehme die doch immer ernst«, sagt Martin.

»Das denkst du! Ich glaube, dass nicht immer alles, was du denkst, bei deinen Mitarbeitern so ankommt. Erinnere dich nur, wie du über Frau Briegels Angst vor dem Schimpfen verblüfft warst. Jedenfalls bist du jetzt zufriedener als nach dem ersten Gespräch mit ihr, weil es dir gelungen ist, dass sie den Sinn und sogar den Nutzen einer Tätigkeit erkennen konnte. Wenn ich dich richtig verstehe, war das Gespräch auch angenehmer, was die Atmosphäre betrifft?«

»Ja, absolut. Es war eher so, als ob wir uns beide auf Augenhöhe unterhalten würden. Jedenfalls manchmal. Es schien sie zu motivieren, sich selbst Gedanken machen zu dürfen. Ein oder zwei Mal hat sie mich außerdem für ziemlich bescheuert gehalten, da hatte ihr Ton etwas sehr mütterliches – dabei ist sie drei Jahre jünger als ich!«

Pitt lacht. »Ich glaube, das hängt damit zusammen, wie man die Brücken baut, oder wie groß beziehungsweise klein die Zwischenschritte sind, die man macht, damit die Leute von selbst auf etwas kommen. Das musst du bestimmt ein Weilchen üben: die Mitte zu finden zwischen zu groß und zu klein – zwischendurch musst du eben aushalten, dass dich der eine oder die andere für blöd hält.«

»Du hast gut reden, du führst keine zwanzig Mitarbeiter! Wenn die dich alle immer mal für blöd halten, ist das *keine* gute Basis ...«

»Ach was!« Pitt lässt sich nicht beeindrucken. »Immerhin galt jetzt für dein Gespräch heute mehr als je zuvor, was man so oft liest: Wer fragt, der führt. Ich glaube, dass das bei Frau Briegel sehr deutlich ankam. Kann schon sein, dass sie sich über die eine oder andere Frage gewundert hat, aber sicher hat sie nie in Zweifel gestellt, wer das Gespräch lenkt und wer im Raum also der Chef ist.«

Martin trinkt einen großen Schluck von seinem Weizenbier und nickt. Ja, das glaubt er auch. Und die Zwischenschritte im Gespräch in die richtige Größe zu bringen, das würde mit etwas Übung sicher jeden Tag etwas leichterfallen. Er bleibt optimistisch gestimmt.

Pitt bestellt eine Apfelschorle und schaut sie prüfend an. »Ist dir sonst noch etwas aufgefallen?«

Martin runzelt die Stirn: »Wieso?«

»Na ja, an der Art, wie du mit deiner Mitarbeiterin gesprochen hast – ist dir daran etwas aufgefallen oder bekannt vorgekommen?«

»Was meinst du denn? So wie heute habe ich noch mit keinem Mitarbeiter geredet. Ich musste Frau Briegel ja ein klein bisschen die Würmer aus der Nase ziehen – zum Teil habe ich zwischendrin erwartet, dass sie meckert und mich anmacht, dass ich doch einfach direkt sagen soll, worauf ich hinaus will. Das hat sie sich dann wohl doch nicht getraut.« Er trinkt einen Schluck. »Apropos: Pitt, sag doch einfach worauf *du* gerade hinaus willst!?«

Pitt grinst. »Sag bloß, du willst nicht selbst nachdenken? Pass auf, ich baue dir eine Brücke. Lieber Martin, die Art, wie du heute mit deiner Mitarbeiterin geredet hast … kommt dir diese Art des Würmer-aus-der-Nase-Ziehens nicht irgendwie bekannt vor?«

»Ich weiß nicht, worauf du rauswillst, Pitt – sag es doch direkt!«

Pitt grinst noch breiter. »Sag bloß, du willst nicht selbst nachdenken? Pass auf, ich baue dir eine Brücke, genau so, wie du es gerade gelernt hast. Lieber Martin, die Art, wie du heute mit deiner Mitarbeiterin geredet hast … so geduldig … wie du ihr geholfen hast, etwas zu entdecken, was du selbst schon im Kopf hattest … und doch wolltest du, dass sie von allein darauf kommt … woher kennst du denn diese Art des Fragens statt Erklärens?«

Martin schaut seinen Freund entgeistert an: »Willst du mir gerade etwa sagen, dass ich … dass Steve Wilhelm bei mir diese Methode anwendet? Dass ich für ihn der doofe Mitarbeiter bin, dem man Brücken baut, bis er endlich mal drauf kommt, was der andere schon längst weiß?«

Pitt schüttelt den Kopf: »Erstens bist du ja kein Mitarbeiter von Herrn Wilhelm, sondern wenn schon sein Auftraggeber oder Kunde. Zweitens glaube ich nicht, dass dein Herr Wilhelm denkt, dass du doof bist, nur weil du nicht alles weißt, was er weiß.«

»Du meinst, ich habe mit Frau Briegel so geredet wie Steve Wilhelm mit mir?«

»So könnte man es sagen. Du hast es heute so gemacht, wie es dir Steve Wilhelm in euren vier Telefonaten vorgemacht hat.«

»Lass mich nachdenken«, sagt Martin. »Wilhelm lobt mich oft, wenn ihm meine Antworten gefallen. Ich habe heute Frau Briegel gelobt, wenn sie einen guten Gedanken hatte. Und er gibt mir eigentlich sehr selten eine Antwort, sondern fragt immer noch mal nach oder erzählt ein Beispiel. Oder er sagt, dass er sicher ist, dass ich selbst drauf kommen werde. Das ist schon alles so ähnlich wie mein Gespräch heute – ist das jetzt gut oder schlecht?« Martin ist aus dem Konzept. Pitt zuckt mit den Schultern. »Wenn du deine Gesprächsstrategie der Strategie eines Mannes anpasst, der 5.000 Euro pro Stunde damit verdient, kann es nicht ganz falsch sein, oder?« Martin schaut weiter nachdenklich.

»Wie reagierst du selbst denn innerlich auf die Art, wie dein Coach mit dir arbeitet?«, hakt Pitt nach.

»Das Lob ist für mich sehr ambivalent: Einerseits ärgere ich mich, weil es etwas Manipulatives hat. Andererseits freue ich mich einfach, wenn dieser Herr Wilhelm mich lobt«, gesteht Martin ein. »Ich merke immer wieder in den Gesprächen mit ihm, dass ich mich anstrenge, um weitere kluge Antworten zu geben.«

»Klingt menschlich«, meint Pitt. »Und es klingt wie ein sehr einfaches und sehr günstiges Rezept für Motivation: Lobe alles, was dir gefällt. Wäre es denn okay, wenn du diese Wirkung auf deine Mitarbeiterin haben würdest?«

»Meinst du wirklich, Motivation ist so einfach? Immer alles loben?«

»Nicht alles. Aber das, was dir gefällt. Wir sind ja unter uns, und ich hoffe, du verstehst mich jetzt nicht falsch – pass auf: Ihr habt doch diesen wuscheligen Hund. Bei dem machst du es doch ganz bestimmt seit dem ersten Tag so: Wenn er das Richtige tut, bekommt er ein Leckerli, oder?«

»Pitt! Wenn uns jemand hört! Du kannst doch nicht einen Mitarbeiter mit einem Hund vergleichen!«

»Es hört uns keiner, und ich sage ja nicht, Mitarbeiter sind wie Hunde. Ich sage nur, dass das Muster für beide beim Thema Lob gar nicht so verschieden sein muss: Bei Wohlverhalten Leckerli führt dazu, dass das Wohlverhalten öfter kommt, weil Hund genau wie Mitarbeiter auf Leckerli oder Lob scharf sind.«

»Trotzdem ist das politisch nicht korrekt! Was meinst du, was los wäre, wenn die Gewerkschaft uns so reden hört!«

»Von mir aus, Martin. Aber was Steve Wilhelm schon die ganze Zeit macht, ist ja mehr als nur zu loben. Viel mehr! Du hast Frau Briegel zum Selbstdenken animiert – erfolgreich, im zweiten Anlauf. Du hast jede Kritik hinuntergeschluckt und dich auf das Gute konzentriert. Du hast ihr gegebenenfalls Brücken gebaut, wenn es nicht gleich geklappt hat. Und wenn es geklappt hat, hast du sie für das Ergebnis und auch für ihre Anstrengung gelobt. Ob wir das als Leckerli bezeichnen oder nicht, ist mir egal. Alle diese Punkte hat doch dein Coach bei dir die ganze Zeit schon gemacht, siehst du das nicht auch so?«

Martin überprüft die einzelnen Positionen: »Ja, du hast schon recht. Habe ich denn heute Frau Briegel gecoacht?«

»Auch das ist mir egal«, sagt Pitt. »Wie das Kind heißt, spielt für mich keine Rolle, von mir aus kannst du sagen, du hast heute eine Mitarbeiterin gecoacht. Mir ist viel wichtiger zu analysieren, was das Wirksame an dieser Methode ist. Das mit dem Leckerli, Verzeihung, mit der Belohnung für ein gutes Ergebnis haben wir uns ja schon angeschaut. Gibt es andere Parallelen, oder gibt es wesentliche Unterschiede?«

Martin nickt. »Das Lob motiviert, sich anzustrengen, da hast du schon recht. Mich aktiviert so etwas auf jeden Fall, und ich glaube, auch Frau Briegel hat irgendwann mal Ehrgeiz entwickelt, auf die richtige Antwort zu kommen. Indem ich nichts selbst erkläre, sondern lieber noch mal anders frage oder Brücken baue, zeige ich ja, dass ich fest davon ausgehe, dass Frau Briegel eine gute Antwort finden wird. Und in meinem Coaching … auch wenn ich immer angespannt bin, ist es doch so, dass ich bei Steve Wilhelm insgesamt das Gefühl habe, dass ich es schon richtig machen werde. Er strahlt eine Sicherheit aus – nicht nur für seine Person, sondern für mich gleich mit. Man könnte sagen, er glaubt an mich, und das motiviert zusätzlich.«

»Mensch, Martin, denk mal, wenn du mit diesen einfachen Techniken deinen Mitarbeitern vermitteln könntest, dass du an sie glaubst – das wäre doch traumhaft, oder?«

Martin hebt die Hand: »Nicht so schnell! Erstens wissen wir nicht, ob das stimmt, dass Fragen stellen, Brücken bauen und loben automatisch diese Wirkung haben. Und zweitens weiß ich gerade nicht, ob ich das möchte. Ist es nicht besser, wenn manche auch denken, dass ich sie sehr kritisch sehe, dass ich bei ihnen die Hoffnung mehr oder weniger aufgegeben habe? Wenn es doch so ist? Das könnte doch auch motivieren: Gas geben, um nicht rauszufliegen?«

»Das musst du mit Hannah besprechen, sie ist ja die Psychologin. Als Freund und Gesprächspartner muss ich dich allerdings zunächst einmal erinnern, dass es gerade erst fünf Minuten her ist, seit du hier gejammert hast, dass du auf keinen Fall mit Angst führen willst – und jetzt lässt du solche Aussagen vom Stapel!« Martin zieht den Kopf ein, und Pitt fährt fort: »Ich persönlich glaube jedenfalls nicht, dass Angst leistungsfördernd wirkt, aber ich verstehe nicht viel von solchen Sachen, wissenschaftlich gesehen. Ich nehme hier einfach nur meinen Menschenverstand und suche nach Beispielen. Denk mal an den Sport: Ein Fußballklub, der Angst hat vor dem Abstieg – spielt der besser oder schlechter, wenn er sich auf diese Angst konzentriert? Intuitiv würde ich sagen: 1. Angst schadet mehr, als dass sie nützt, und 2. dass der Chef an einen glaubt, bremst nicht, sondern beflügelt.«

Martin fühlt sich erschlagen von all diesen Überlegungen. So detailliert und präzise wie in den letzten Wochen hat er sich in den vielen Hochglanzseminaren, die er schon besucht hat, nicht mit dem Thema der Mitarbeiterführung auseinandergesetzt. Die Trainer hatten Modelle vorgestellt und schick mit Powerpoint präsentiert, sie hatten gelegentlich Rollenspiele gemacht – aber nie war er dem Kern von Führung so nah gewesen wie jetzt hier mit Pitt. Dabei ist Pitt gar keine Führungskraft.

»Also gut, dann gehen wir einmal davon aus, dass es motiviert, selbst zu denken, und vor allem, selbst Lösungen zu finden. An einem Punkt bin ich aber noch immer nicht ganz klar,

Pitt. Ich denke da an den Moment, nach dem Frau Briegel den Nutzen für sich herausgefunden hat. Da hab ich sie dann nach ein oder zwei Sprüchen wieder zur Arbeit zurückgeschickt. Ich glaube, das war schon okay, jedenfalls nicht falsch. Aber ich hatte trotzdem den Eindruck, dass das Gespräch an dieser Stelle einen Knick bekommen hat. Dass es im letzten Moment an Energie verloren hat, sozusagen.«

Pitt hebt die Augenbrauen: »Ich verstehe nicht, was du meinst.«

»Na ja«, antwortet Martin, »ich denke sonst gar nicht in solchen Begriffen, aber wenn man von Energie sprechen würde, die fließt – dann würde ich sagen, als ich mit Frau Briegel gemeinsam nach dem Nutzen der Aufgabe gesucht habe, floss viel positive Energie. Als sie dann alle Punkte herausgefunden hatte und ich gesagt habe, jetzt, wo das klar ist, könne sie ja zur Arbeit zurück – da war irgendwie die Luft raus, verstehst du? Es war ein wenig wie ein Absturz.«

Pitt wiegt den Kopf hin und her. »Ich ahne, was du meinen könntest. Also, ich finde, du bist energiemäßig jedenfalls nicht ins Minus gerutscht, weil du es geschafft hast, nicht zu nörgeln.« Martin stimmt zu und bleibt bei seiner Überlegung. »Das stimmt. Aber am Schluss waren wir mit der Energie auch nicht mehr im Plusbereich, da waren wir eher wieder auf null.«

Pitt trinkt seine Apfelschorle aus und steht auf. »Mir brummt der Schädel. Besprich diese Frage doch mit deinem Coach – der soll etwas tun für sein Geld.« Auch Martin steht auf. »Du hast recht. Für heute war es viel, ich sollte lieber feiern, was ich geschafft habe, anstatt zu nörgeln, was noch fehlt. Gehen wir nach Hause!«

Zu Hause ist Martin müde, aber er notiert noch kurz:

- *Wenn ein Mitarbeiter eine Erkenntnis noch nicht hatte, liegt das nicht unbedingt daran, dass er blöd ist, sondern dass er anders denkt als die Führungskraft.*

- Wenn man dem Mitarbeiter durch Fragen hilft, Dinge selbst herauszufinden, bringt das schon im Dialog ein gutes Gefühl:
  - Er freut sich, wenn er selbst etwas entdeckt;
  - man kann ihn loben, wenn er etwas entdeckt;
  - selbst wenn die Antworten nicht passen, kann man immer noch loben dafür, dass er überhaupt nachdenkt.
- Der Umgang mit dem Mitarbeiter verändert sich; auch wenn ich ihn als Führungskraft weiterhin führe und lobe, so ist doch …
  - … der Dialog mehr auf Augenhöhe als sonst, weil ich nicht alles erkläre und also der einzig Schlaue bin, sondern weil ich ihm helfe, selbst schlau zu sein;
  - … das Klima in diesem Dialog deutlich positiver, weil auf gute Dinge ausgerichtet;
  - … die Situation deshalb eher ein Miteinander als ein Gegeneinander.
- Diese Form des Dialogs wirkt also motivierend, weil Lob wie ein Leckerli wirkt, pardon, wie eine Belohnung, und weil durch das gemeinsame Herausfinden einer Idee generell ein gutes Klima voller positiver Energie entsteht.

Und wie man den Dialog auch am Schluss noch auf einem hohen positiven Energielevel halten kann, das frage ich möglichst bald Steve Wilhelm, sagt sich Martin. Dann klappt er seinen Block zu.

Die Mutter schaut nach vorn

»Hallo lieber Martin, ich hoffe, meine E-Mail erreicht Sie noch vor dem nächsten Mitarbeitergespräch. Ich schulde Ihnen noch die Erklärung zu meiner Bemerkung über die Mutter aller Fragen. Ich will Ihnen die Antwort mal in Form eines Bildes anbieten: Eine gute Mutter schaut nach vorn, sie schaut nicht zurück.

Können Sie damit etwas anfangen? Sonst fragen Sie ruhig. Ganz herzlichen Gruß und viel Erfolg beim nächsten Dialog, Ihr Steve.«

Martin guckt seinen Bildschirm an und liest die E-Mail noch zweimal.

»Eine gute Mutter schaut nach vorn, sie schaut nicht zurück.«

Was um alles in der Welt soll das denn jetzt bedeuten? Das hörte sich einfach nur verschroben an. Außerdem hat sich der sonst so allwissende Coach zum ersten Mal verschätzt, wenn er wirklich gedacht hat, dass Martin seit dem letzten Telefonat nur gegrübelt und kein weiteres Mitarbeitergespräch geführt hat. Im Handel wird angepackt, gehandelt eben. Er lächelt bei dem Gedanken, dem Coach voraus zu sein, und denkt weiter über diesen Ausspruch nach.

»Die Mutter aller Fragen« ist ja wohl ein übertrieben aufgeblasenes Sprachbild für etwas, was man auch »die wichtigste Frage« nennen könnte. Martin überlegt: Mit seiner Frage »Weshalb tun Sie es dann nicht?« hatte er letzten Endes zurückgeblickt, und prompt war Frau Briegel in ihrem ersten Gespräch in die Defensive gegangen. Sie hatte die Umstände verantwortlich gemacht, zu wenig Personal reklamiert – aber nicht nach einer Lösung gesucht. Das war also *nicht* sinnvoll gewesen. Wie würde man nach vorne blicken, mit einer Frage? »Was machen wir denn jetzt?« – »Was folgert für Sie daraus?« Martin hat ja ohnehin noch eine offene Frage an seinen Coach, nämlich was er tun soll, damit die Energie positiv bleibt, wenn der Mitarbeiter im Gespräch den Sinn und Nutzen einer Aufgabe entdeckt hat. Er will nicht mutwillig eine Coachingeinheit verpulvern, wenn Steve ein anderes Lernziel für den fünften Termin vorgesehen haben sollte, und ist hin- und hergerissen.

»Wenn er mir eine E-Mail schreibt, kann ich ja auch selbst per E-Mail reagieren« denkt Martin schließlich und tippt:

»Hallo Steve, danke für den Tipp, er kommt etwas spät, weil ich schon gestern wieder mit Frau Briegel im Dialog war. Es lief besser, wenn ich auch noch eine ganz konkrete Frage dazu habe: Was tue ich denn, nachdem die Mitarbeiterin den Sinn und Nutzen erkannt hat? Ich hatte den Eindruck, an der Stelle fehlt mir noch etwas, ich habe sie halt wieder zu ihrer Arbeit zurückgeschickt, aber das schien mir ein wenig ›schal‹. Was die Mutter aller Fragen angeht: Meinen Sie mit ›Sie blickt nach vorn‹, dass man eher ›Was?‹ fragen sollte anstelle von ›Warum?‹ Vielleicht sollten wir unser nächstes Telefonat führen, ich möchte nur nicht meine kostbaren restlichen Minuten mit etwas vielleicht Belanglosem vertun? Herzliche Grüße nach Bad Tölz, Martin Dampf.«

Er liest seine E-Mail noch mal durch und bleibt an dem Wort »kostbar« hängen. Nach kurzem Überlegen merkt er, dass er diesen Begriff mittlerweile gar nicht mehr auf die Geldsumme bezieht, sondern auf den Nutzen, den die Coachinggespräche inzwischen für ihn haben. Kurz flackert der Gedanke in ihm auf, die Formulierung zu streichen, um sich nicht in dieser Weise zu öffnen, dann zuckt er mit den Schultern und klickt auf Senden: »Ist doch egal, das kann Steve ruhig wissen.«

Die Antwort von Steve Wilhelm liegt schon nach einer Stunde in seiner E-Mailbox.

»Hallo lieber Martin, ich bin – wie immer – beeindruckt von Ihrem Tempo und Ihrer analytischen Klarheit! Die Themen, die Sie da anschneiden, sind keine Belanglosigkeiten, die sind wichtig und kommen jetzt auch dran. Wir können deshalb gerne unseren fünften Termin dafür verwenden, das passt gut! Was halten Sie von morgen? Uhrzeit frei wählbar? Beste Grüße, Steve.«

Am nächsten Vormittag um halb elf telefonieren die beiden. »Servus Martin, Sie haben sich echt gleich in Ihr nächstes Mitarbeitergespräch gestürzt? Sie haben Power, Kompliment – wie lief es denn?« Martin berichtet mit kurzen Worten von seinem zweiten Gespräch mit Frau Briegel und wie er Brücken gebaut hat, bis sie den Nutzen für sich selbst herausgefunden hat. Als er erzählt, dass sie ihn manchmal offensichtlich für leicht beschränkt gehalten hat, wenn er die Fragen etwas *zu* simpel formulierte, lacht Steve schallend. Er bestätigt Martins Annahme, dass das eine Frage der Übung ist: »Und egal wie gut man das trainiert, Martin – es passiert mir auch heute noch, dass mich Leute im Coaching anschauen, als ob ich ein Kleinkind wäre, das offenbar zu dumm ist, einfachste Zusammenhänge zu verstehen.«

Aha, denkt Martin, Pitt hatte also recht damit, dass Steve Wilhelm diese Gesprächsführungstechnik auch im Coaching anwendet! Er unterdrückt den Impuls, den Gedanken laut auszusprechen, sondern schildert dem Coach das weitere Gespräch mit seiner Mitarbeiterin, insbesondere die Situation am Ende, als er nicht so genau wusste, wie er weitermachen sollte: »Ich wollte, dass Frau Briegel den Schwung der Erkenntnisse nach draußen in den Markt mitnimmt«, erklärt er.

Wie immer lobt Steve überschwänglich: »Ich gratuliere, Martin, dass Sie diesmal die Frage ›Warum tun Sie es dann nicht?‹ unterdrücken konnten! Und ich gratuliere gleich noch mal, dass Sie gemerkt haben, dass das schnöde ›Dann gehen Sie mal wieder zurück an Ihre Arbeit!‹ in der Wirkung etwas leicht Abkühlendes gehabt hat. Sie haben wirklich ausgezeichnete Antennen für die Atmosphäre eines Gesprächs!«

»Leckerli, Leckerli – braver Martin!«, denkt Martin, als er das überschwängliche Lob registriert. Er muss grinsen, weil er an Pitts Sprüche denkt. Dennoch spürt er, dass das Lob wirkt.

»Martin, gerade an dieser Stelle sind jetzt beide Fragen, die Sie in der E-Mail angesprochen haben, relevant. Wie lauteten sie noch mal?«

»Ich wollte wissen, wie ich den Schwung des konstruktiven Gesprächs nicht am Ende unnötig bremse, und ich wollte wissen, ob ich das mit der Mutter, die nach vorn blickt, richtig verstanden habe.«

»Was haben Sie da denn genau verstanden?«, fragt der Coach zurück.

»Ich hatte es so interpretiert, dass eine gute Frage nicht rückwärts fragt. Also nicht: Warum haben Sie dieses oder jenes nicht gemacht? Sondern: Was tun wir dann also jetzt? Aber würden Sie dies wirklich als zentralste Frage überhaupt bezeichnen, als Mutter aller Fragen?«

»Überlegen Sie mal, Martin – gerade eben hat Ihre Mitarbeiterin den Nutzen einer Aufgabenstellung für sich selbst erkannt. Sie haben vermieden, wie ein Oberlehrer zu fragen, weshalb sie die Aufgabe dann nicht sauber und verlässlich umgesetzt hat, weil das nur zur Rechtfertigung und Verteidigung führen würde. Das hatten wir alles schon geklärt, richtig?«

Martin stimmt zu, Steve Wilhelm fährt fort: »Frau Briegel hat also den Nutzen einer Aufgabe erkannt, die sie bis dato zwar schon umsetzen konnte, aber dies nicht zuverlässig getan hat, richtig? Und wenn Sie die Frau jetzt wieder an die Arbeit zurückschicken, wird sie besser als zuvor verstehen, *weshalb* sie etwas tun soll, stimmt's?«

»Stimmt.«

»Prima. Und was meinen Sie, Martin – wird diese Erkenntnis allein genügen, dass Frau Briegel künftig die besprochene Aufgabe verlässlich umsetzt?«

»Na ja, motiviert habe ich sie jetzt – aber irgendwie ist der Sack noch nicht so ganz zu.«

»Ganz genau, Martin, das sehe ich wie Sie. Es *kann* reichen, ihr den Nutzen klarzumachen, aber ganz sicher können wir nicht sein. Besser ist es, den Sack zuzumachen, wie Sie sagen, also Frau Briegel noch etwas mehr in die Pflicht zu nehmen.

Und an dieser Stelle kommen wir jetzt zur Mutter aller Fragen. Was hatten Sie da genau vorgeschlagen?«

Martin überlegt kurz: »Was tun wir also jetzt?«

»Sehr gut! Das ist eine sehr enge Verwandte der Mutter aller Fragen, Sie sind nah dran!«

»Die Tante aller Fragen?« Martin blödelt, weil ihm das Gespräch Spaß macht.

Steve lacht über den Spruch und treibt ihn weiter an: »Ja, kann sein. Können Sie für das Wort ›tun‹ ein anderes Wort finden, das etwas weniger allgemein ist?«

»Wie wollen wir das mit dem Vorziehen der Ware also in Zukunft lösen?«, schlägt Martin vor.

»Prima! Lösen ist ein schönes, erfreuliches Wort. Jetzt würde ich noch ein einziges Wort auswechseln – Sie wissen bestimmt, welches?«

Martin tappt im Dunkeln und versucht deshalb, durch Produktivität und Albernheit zu glänzen: »Ist Ihnen ›in Zukunft‹ zu ungenau? Soll ich lieber ›gleich nachher‹ sagen, oder vielleicht ›von jetzt an bis in alle Ewigkeit‹?«

Dieses Mal bleibt Steve ernst und baut ihm eine Brücke. »Nein, in Zukunft ist genau genug. Martin, *wer* soll denn die Ware in den Regalen vorziehen? Sie oder Frau Briegel – oder beide zusammen?«

»Frau Briegel natürlich!«

»Also ...?«

»Oh, verflixt, Sie haben recht: Ich sollte nicht fragen, wie *wir* das lösen!«

»Richtig«, bestätigt Steve Wilhelm, »genau das ist der Punkt. Nachdem Ihre Mitarbeiterin den Sinn der Aufgabe verstanden hat, und bevor sie wieder zur Arbeit geht, stellen Sie Verbindlichkeit her und machen die Verantwortung für die Aufgabe klar. Das bedeutet auch, dass sie zu hundert Prozent weiß, dass sie selbst zuständig ist dafür, dass die Regale in ihrem Bereich gut aussehen. Also, wie lautet nun die Mutter aller Fragen?«

»*Wie werden Sie das Problem in Zukunft lösen?*«, sagt Martin und nickt, weil er beim Aussprechen merkt, dass das Ganze stimmig klingt.

»Bravo! Sie sehen: Die gute Mutter blickt nach vorn!« Steve ist mit seinem Klienten offensichtlich zufrieden und lässt diesen Gedanken zunächst bei ihm sacken. Dann fährt er fort: »Jetzt will ich Sie noch auf etwas vorbereiten. In wessen Feld landet der Ball der Verantwortung durch diese Frage?«

»Beim Mitarbeiter, wo er auch hingehört«, bestätigt Martin sofort.

»Genau, und hier haben wir unter manchen Mitarbeitern begnadete Spielertypen, die mit den unterschiedlichsten Techniken den Ball direkt wieder zum Chef zurückspielen. Wenn Sie diese Frage stellen, sollten Sie also an Björn Borg denken und an das, was wir über den Ball schon besprochen haben.«

Björn Borg? Martin denkt an sein Boris-Becker-Bild und grinst. Steve Wilhelm ist sicher zwanzig Jahre älter als Martin, und tatsächlich gab es auch in seiner Generation schon ein Tennisidol mit den Initialen BB. Er hört den Coach weitersprechen: »Martin, ich will Ihnen noch einen Tipp geben. Es geht dabei darum, was zusammen mit der Mutter aller Fragen die wirkungsvollste und zugleich auch die schwierigste Führungstechnik ist. Lieber Martin, diese Führungstechnik ist … die Pause. Denken Sie an meine Worte! Der Ball muss ins Feld, die Mutter muss ins Spiel, und dann ist Klappe halten die Herausforderung, die Sie meistern müssen!«

Martin steht auf dem Schlauch. Wieso Pause? Er versteht es nicht. »Probieren Sie das, was Sie jetzt für sich erkannt haben, aus, lieber Martin – ich bin sicher, Sie merken von selbst, wohin die Pause gehört und warum das nicht immer leicht für die Führungskraft ist – gerade für eine freundliche, wohlmeinende Führungskraft, wie Sie es sind! Viel Erfolg bei den nächsten Gesprächen – üben Sie fleißig, dann werden Sie zum Björn Borg des Einzelhandels!« Während Martin noch über die Bedeutung der Worte nachdenkt, hat sich Steve Wilhelm schon verabschiedet.

Sind seine beiden Fragen wirklich beantwortet worden? Martin überlegt. »Die Mutter blickt nach vorn« – ja, dieses Bild haben sie geklärt, er hat jetzt seine saubere Formulierung für die Mutter aller Fragen: »Wie genau wollen Sie das Problem lösen?« Auch die zweite Frage, die er besprechen wollte, ist beantwortet: Wie geht es weiter, wenn der Mitarbeiter den Sinn verstanden hat – dann kann ich ihn fragen, wie er in Zukunft seine Aufgabe umsetzen wird. Es stimmt, denkt Martin, dann halten wir im Gespräch einen hohen Energielevel. Seine beiden Fragen waren also eng verwandt und zielten auf die gleiche Gesprächsstelle ab.

Neben den Antworten auf seine Fragen hat Martin Dampf noch einen merkwürdigen Tipp bekommen: Die wichtigste Führungstechnik ist die Pause.

Er holt seinen Notizblock hervor, um alle neuen Gedanken wie gewohnt festzuhalten.

- »Wie werden Sie das Problem X in Zukunft lösen?«, ist eine zentrale Frage, vielleicht DIE zentrale Frage.
  - Sie konzentriert sich auf die Lösung und nicht auf das Problem.
  - Sie benennt den Verantwortlichen für die Lösung, nämlich den Mitarbeiter.
  - Sie »spielt den Ball der Verantwortung« klar in das »Feld« des Mitarbeiters: Er muss handeln!

- Diese Frage setzt in idealer Weise das Gespräch fort, nachdem man mit dem Mitarbeiter den Sinn der Aufgabe erarbeitet hat.
  - Wenn er gerade noch selbst geschildert hat, dass und weshalb die Aufgabe sinnvoll ist, kann er nicht im nächsten Moment sagen, dass ihm egal ist, wenn er

sie nicht löst – der erste Teil liefert also Energie für die Lösungssuche!

- In der Zukunft hat noch niemand einen Fehler gemacht, über die kann man besser sprechen als über Vergangenes – das ist ohnehin vorbei.

Martin denkt nach, dann notiert er mit hochgezogenen Augenbrauen:

- Verbunden mit der »Mutter aller Fragen« ist die wichtigste Führungstechnik – die Pause.

Er hält kurz inne, dann setzt er ein Fragezeichen dahinter und klappt seinen Notizblock zu.

Ball spielen muss man üben

Martin Dampf möchte Frau Briegel nicht zum gleichen Thema erneut in sein Büro rufen – das wäre zu ungewöhnlich. Zudem würde diesem einzelnen Thema eine zu große Bedeutung gegeben. Er beschließt daher, seine Mitarbeiterin zur Abrundung in ihrer Abteilung aufzusuchen. Das wirkt weniger offiziell als das Büro, eher so nebenbei. Während Martin in die Abteilung marschiert, legt er sich seine Vorgehensweise zurecht. Er möchte gerne dort anknüpfen, wo er das letzte Gespräch beendet hatte. Außerdem ist er von der »Leckerli-Methode«, wie er das für sich inzwischen nennt, so überzeugt, dass er auf jeden Fall mit einem Lob einsteigen wird.

Er geht ohnehin jeden Tag mehrfach durch alle Bereiche seines Marktes, er kennt die Verkaufsbereitschaft und die Stärken und Schwächen der verschiedenen Abteilungen. Heute schaut er sich bewusst Frau Briegels Bereich an, um einen konkreten Grund zum Loben zu finden. Erst danach will er zum Thema Spiegeln die Mutter aller Fragen stellen: Wie will Frau Briegel diese Aufgabe in Zukunft verlässlich umsetzen?

Schon bei seinen ersten Schritten wird ihm klar: Frau Briegel hat es schon hinbekommen. Die Ware, egal ob Konserven, Tüten oder Kartons, steht vorne. In jedem Regal, das er sich anschaut. Die Frage, wie sie das in Zukunft regeln wird, ergibt daher im Moment keinen Sinn, die Abteilung seiner Mitarbeiterin steht wirklich gut da. Natürlich ist es möglich, dass die Wirkung ihres Gesprächs nur einige Wochen anhält – seine Intuition sagt Martin dennoch, dass er heute lieber nicht daran rühren sollte. In diesem Moment sieht er auch schon Frau Briegel mit einem Hubwagen voller Ware um die Ecke biegen. *Du wolltest sie auf jeden Fall loben!*, sagt er sich, sucht ihren Blickkontakt und hebt anerkennend den Daumen: »Sensationelle Regale haben Sie heute, Frau Briegel! Ein Traum für jeden Kunden, es sieht sauber und verführerisch aus in Ihrem Bereich – super gemacht!« Beim Sprechen überlegt er, ob er nicht doch zu dick aufträgt – schließlich macht Frau Briegel ja einfach nur das, was sie laut Arbeitsvertrag tun soll? Aber während er diesen Gedanken noch denkt, sieht er, wie seine Mitarbeiterin zunächst verdutzt schaut, dann aber ihr Gesicht zu strahlen beginnt: »Danke, Herr Dampf!«

Er geht weiter und denkt sich, dass er Steve Wilhelm einmal sagen müsste, dass diese Führungstechnik ebenfalls sehr wirksam sei: überschwängliches Lob. Im nächsten Moment prustet er los, als ihm einfällt, durch wen er überhaupt auf diese Idee kam. Sein Coach war es ja, der ihn in sämtlichen Gesprächen so intensiv gelobt hatte wie wohl seit der Grundschulzeit niemand mehr. Martin konzentriert sich wieder auf die Situation in seinem Markt. Jedenfalls hat mein ehrliches Lob ohne Hintergedanken ganz sicher Frau Briegel motiviert, das, was sie tun soll, weiterhin zu tun. Es war nicht schwer, es hat nichts gekostet, nicht einmal Zeit, ich war ja ohnehin in der Abteilung. Und vom Betriebsklima her gesehen ist es auch nützlich, sie hat sich echt gefreut, denkt Martin abschließend.

Nur die Mutter aller Fragen konnte er jetzt nicht einsetzen. Er will doch üben, was er mit Steve Wilhelm besprochen hat, und den Ball im Feld halten! Während er das denkt, biegt er um ein weiteres Regal und hört gerade noch, wie eine männliche Stimme »Dort hinten, drei oder vier Regale weiter, dann links rein!« sagt, und sieht Ben Schulz, den kräftigen Abteilungsleiter der »MoPro«, der Molkereiabteilung, wie immer in einem seiner grellen Pullover. Zugleich sieht er auch das verwirrte Gesicht einer älteren Kundin, die versucht, diesen knappen Hinweis zu verarbeiten. Auch Schulz bemerkt offenbar ihre Verwirrung, denn er fügt ein aufmunterndes »Das finden Sie schon!« an. Im nächsten Moment erst bemerkt er seinen Hausleiter und beißt sich auf die Lippen. »Oder warten Sie – ich kann auch kurz mitkommen«, fügt Schulz rasch hinzu, und Martin beobachtet ihn, wie er mit der Kundin abzieht. Er beschließt, zu warten, denn er hat erkannt: Herr Schulz hat sich gerade eben als Versuchsperson für Martins Übungsbedürfnis qualifiziert …

Als Schulz zurückkommt, schaut Martin ihn freundlich an. Er will sich auch in diesem Fall Zeit für ein Lob nehmen. »Schön, dass Sie der Kundin gezeigt haben, wo die Ware steht, die sie sucht, Herr Schulz«, sagt er freundlich.

Schulz schaut ihn misstrauisch an: »Ja klar, so steht es doch in unserem Handbuch für Kundenfreundlichkeit: Wenn ein Kunde nach etwas fragt, zeigen wir ihm, wo es zu finden ist, indem wir mit ihm mitgehen.«

»Richtig, Herr Schulz, ich sehe, dass Sie die Theorie kennen, und Sie haben sie ja gerade eben auch umgesetzt. Ich hatte allerdings den Eindruck, wenn ich nicht zufällig gekommen wäre, dann hätte die Dame doch selbst suchen müssen, wo genau drei oder vier Regale weiter und dann links die Ware gestanden hätte?«

Schulz schaut mürrisch zu Boden: »Ich habe schließlich heute noch vier Paletten in meiner Abteilung zu verräumen!«

Martin tritt sich innerlich in den Hintern: Jetzt hat er doch wieder einen Vorwurf formuliert und prompt schlechte Stimmung und Rechtfertigung produziert. Wie dumm! Er konzentriert sich.

»Herr Schulz, diese Antwort interpretiere ich einmal als Ja. Jedenfalls sind Sie ehrlich. Sie haben vollkommen zu recht auf unser Orgahandbuch verwiesen: Dort steht tatsächlich, dass jeder Mitarbeiter in einer solchen Situation den Kunden zur gesuchten Ware führen soll. Können Sie sich denn einen Grund denken, weshalb wir alle unseren Kunden nicht nur erklären, sondern zeigen sollen, wo die Ware steht?«

»Nö. Vielleicht, weil wir unsere Kunden für doof halten?« Schulz ist noch immer mürrisch.

»Doof? Wieso das denn?«

»Na, wenn wir ihnen nicht zutrauen, dass sie die Leberknödel auch allein finden? Immerhin erklären wir es ihnen doch, das müsste eigentlich genügen, finde ich. Das Bemuttern, das finde ich übertrieben!«

»Na ja, Herr Schulz, wenn Sie Bemuttern sagen, nehmen wir mal dieses Wort: Bemuttern kommt von Mutter, hat mit mütterlich zu tun. Wenn wir nun mütterlich mit liebevoll oder freundlich übersetzen, dann haben Sie recht. Es geht darum, dass wir freundlich zu den Kunden sind.« Martin merkt, dass er wieder dabei ist, selbst zu erklären, was der Sinn der Regel ist, und versucht, die Kurve zu bekommen. Schulz soll die Antwort geben, denkt er und macht eine kurze Pause, bevor er fortfährt.

»Also, Herr Schulz. Prinzipiell haben Sie recht: Die Kundin gerade hätte sicher irgendwann und irgendwie die Knödel auch selbst gefunden. Es hätte also theoretisch genügt, ihr kurz und knapp zu erklären, wo sie entlanggehen soll. Warum möchte unser Unternehmen dennoch, dass wir mehr tun als das, was knapp genügt?«

»Weil die, die sich solche Handbücher und Regeln ausdenken, nicht im Markt arbeiten, sondern in der Zentrale?«

Martin muss lachen: »Mensch, Herr Schulz, Sie sind heute wohl der Gute-Laune-König der MoPro! Hoffentlich wird Ihnen da die Milch nicht sauer, bei dieser Tagesform! Ich frag mal anders: Wie geht es der älteren Dame von gerade, wenn sie die grobe Richtung zu den Knödeln gezeigt bekommt, und wie geht es ihr, wenn sie von einem charmanten Marktmitarbeiter dorthin begleitet wird?«

»Im ersten Fall findet sie die Knödel in einer Minute, im zweiten in einer halben – sie hat also eine halbe Minute gespart, und ich habe dafür eine ganze Minute vertan, weil ich den Weg ja auch zurückgehen muss.«

Martin schaut jetzt streng und lässt sich von dem Brummen und Murren nicht ablenken: »Sie haben eine Minute lang das Richtige gemacht, Herr Schulz! Bitte noch mal ernsthaft: Wenn die Kundin zu den Knödeln begleitet wird – wie geht es ihr dann?«

»Natürlich besser, sie wird sicher gern bemuttert …« Martin seufzt und schaut Schulz nur an, ohne etwas zu sagen. »Okay«, lenkt Schulz ein, »also, sie wird sicher gern freundlich behandelt.«

Martin nickt und versucht, direkt zu loben: »Richtig. Gut erkannt. Und wozu führt das?«

»Dass sie gern hier einkauft.«

»Sehr gut. Wird sie freundlich behandelt, kauft sie gern hier ein. Herr Schulz – was bringt es Ihnen persönlich, wenn Sie gemeinsam mit allen anderen Mitarbeitern dazu beitragen, dass sich die Kunden in unserem Markt freundlich behandelt fühlen und gern hier einkaufen?«

»Sie kommen wieder, und wir machen mehr Umsatz.« Jetzt kommt Schulz nicht mehr raus aus der Nummer, Martin merkt, dass das Eis ein Stück weit geschmolzen ist. »Genau so ist es – und das wiederum bringt Ihnen und uns allen welchen Vorteil?«

»Je mehr Kunden, je mehr Umsatz, desto sicherer unser Arbeitsplatz.«

»Richtig, Herr Schulz. Gerade für Sie als Ehemann und Vater von zwei kleinen Kindern – wenn Sie die Kundinnen und Kunden zur Ware führen, investieren Sie eine Minute – und sorgen zugleich für ein Stückchen mehr Arbeitsplatzsicherheit!«

Martin stöhnt innerlich über sich selbst; er merkt, dass gerade diese letzten Gedanken besser durch Schulz formuliert worden wären. Im Sinne der Verkäufertechnik des ausgesprochenen Nutzens war das noch nicht perfekt. Aber die wesentlichen Überlegungen waren doch von Schulz gekommen, tröstet er sich, und schließlich übt Martin diese Dialogform erst seit knapp zehn Tagen.

»Stimmt schon irgendwie«, hört er seinen Abteilungsleiter brummeln. Martin lächelt den noch immer mürrischen Schulz an und wittert in diesem missmutigen Zugeständnis spontan seine Chance für eine Optimierung seines Verkaufstalents. Der Kunde hat das Produkt noch nicht begeistert gekauft, denkt er und fragt nach: »Irgendwie? Ist denn etwas falsch an dem Gedanken?«, fragt er Schulz.

»Nö, ich sag ja, es stimmt schon.«

Martin findet, dass dieses erneute Eingeständnis ein Sieg ist, zwar nicht mit Pauken und Trompeten, aber er ist zufrieden. Der erste Schritt ist getan, das Problem als solches benannt. Durch den Mitarbeiter. Ausgesprochener Nutzen! Er stellt sich jetzt intuitiv auf die Seite seines Mitarbeiters: »Es ist schwer, das bei unserem enormen Stress jeden Tag immer so klar vor Augen zu haben, oder, Herr Schulz? Man soll acht bis zehn Paletten einräumen, hier in der MoPro auch noch so kleines Zeug wie Joghurtbecher, da liegt schon sehr viel Druck auf jedem Einzelnen – und dann soll man noch Leute fünf Regale weit begleiten. Ganz sicher fällt es nicht immer leicht, sich zu erinnern, dass man diese Geste nicht wegen des Handbuchs ausführt, und nicht einmal nur wegen der Kunden, sondern immer auch für sich selbst, und für den Arbeitsplatz, für die Ernährung der Familie?«

Schulz' Gesichtsausdruck verändert sich angesichts des umfangreichen, einfühlsamen Verständnisses, das ihm seine Führungskraft so deutlich entgegenbringt. Seine Miene hellt sich auf. »Allerdings, das ist oft schwer«, sagt er in versöhnlichem Tonfall. Nachdenklich fügt er an: »Manchmal macht es einem schon auch selbst Spaß, wenn man sieht, wie sich manche Kundin darüber freut, dass man ihr hilft.«

Das hätte er vor zwei Minuten noch nicht zugestanden, denkt Martin verblüfft. Kommt das daher, dass er nicht nur mit inquisitorischem Kreuzverhör, sondern auch mit Verständnis gearbeitet hat?, überlegt er sich. Ihm fällt eine Verbindung zum

Gespräch mit Frau Briegel ein: Auch diese hat, nachdem sie einmal in Fahrt gekommen war, immer mehr Argumente gefunden, die Ware nach vorn zu ziehen. Auch bei Ben Schulz war gerade etwas Ähnliches passiert.

Martin nickt voller Anerkennung. Er holt Luft, um nun endlich die Mutter aller Fragen zu stellen: »Das ist es, Herr Schulz. Für jeden von uns. Nachdem wir uns jetzt an diesem Punkt grundsätzlich einig sind, haben Sie denn irgendeine Idee, wie Sie das trotz der großen Arbeitsbelastung in Zukunft verlässlich schaffen könnten? Wie Sie, auch wenn noch viel einzuräumen ist, die Kunden dennoch zu ihrer Ware führen, bevor Sie an der Palette weiterarbeiten?« Martin sieht vor seinem inneren Auge einen leuchtend gelben Tennisball, der auf Schulz zufliegt.

Schulz schaut kurz verdattert, dann sagt er: »Das kann ich jetzt doch nicht planen!« Zack, da kommt der Ball zurück!, denkt Martin und bleibt am Thema: »Planen vielleicht nicht. Aber wir wissen beide, wie es mit den guten Vorsätzen geht, oder? Wenn wir uns schon einig sind, dass es etwas Gutes ist, die Kunden zur Ware zu begleiten, zugleich aber auch schwer, es immer umzusetzen – dann sollten wir doch noch einen Moment überlegen, wie wir den guten Vorsatz so absichern, dass er im Alltag nicht wieder verloren geht?«, fragt Martin. Er sieht, wie der Ball wieder bei Schulz landet. Er ist dort im richtigen Feld.

Noch während er das denkt, sagt Schulz: »Ich weiß nicht, wie Sie das meinen« – und Martin sieht, wie der Ball wieder auf seine Seite fliegt.

Puh, das geht ja schnell mit diesen Ballwechseln, wie bekommt er den Ball jetzt zu Schulz zurück? Martin runzelt die Stirn, weil er nach einer neuen Frage sucht. Dabei ist er für einen Augenblick still. Da hört er Schulz sagen: »Ich könnte ja probieren, mich grundsätzlich zu freuen, wenn ein Kunde kommt? Ich meine, mich irgendwie schon morgens im Auto darauf einzustellen, dass ich auch heute gern einigen Kunden helfe, wenn die mich etwas fragen.« Martin staunt. Er hatte nichts gesagt, nur die Stirn gerunzelt, worauf Schulz offenbar weiter nachgedacht und eine recht interessante Idee produziert hat.

»Meinen Sie, das klappt?«, fragt er seinen Mitarbeiter. »Meinen Sie, Sie können sich da jeden Morgen gezielt daran erinnern? Und was ist, wenn Sie mit dem falschen Fuß aufstehen? Ob dann der Menschenfreund überhaupt im Auto sitzt oder doch der Brummbär zur Arbeit fährt?«

»Mensch, Herr Dampf, so negativ bin ich doch gar nicht – ich bin sicher, dass ich das schaffe. Vertrauen Sie mir!«

Martin zögert, dann lächelt er. »In Ordnung, Herr Schulz. Dann vertraue ich Ihnen. Das mache ich ja schon in vielen anderen Dingen, ihre Regale sind ja fast immer top. Wenn jetzt auch noch ihre Kundenfreundlichkeit top ist – ich lass mich überraschen!« Er nickt seinem Mitarbeiter zu und geht weiter durch seinen Markt. Das mit diesen schrecklichen Pullovern — das spreche ich lieber an einem anderen Tag an, nicht heute, wenn der Schulz schon mal so optimistisch daherkommt.

Pitt und Martin trainieren Pingpong

Abends trifft Martin Pitt im Fitnessstudio. Dieser hört mit Interesse die Schilderungen seines Freundes über seine beiden Gespräche. Der kurze Kontakt mit Frau Briegel, sein ausführliches Lob und ihre Freude darüber. Dann Herr Schulz, der erst so mürrisch ist und später doch beginnt, eigene Ideen zu entwickeln.

»Es war gar nicht so dumm, Martin, dass du in dem Gespräch dann keine gute Idee mehr hattest! Du hast die Stirn gerunzelt und nichts gesagt, richtig?«

»Ja, weil mir keine schlaue Frage oder Brücke mehr einfiel!«

»Das ist *deine* Sicht der Situation. Du runzelst die Stirn, weil du denkst, du hast den Ball und du weißt nicht, wie du ihn wieder losbekommst. Schulz hat nach meinem Eindruck diese Situation anders interpretiert. Er sagte, er wüsste nicht, wie du das meinst. Du als sein Chef sagst daraufhin nichts und schaust ihn nur stirnrunzelnd an, oder?«

»Ja, so war das, und?«

»Du hast aus Versehen die stärkste Führungstechnik verwendet, die dir dein Coach empfohlen hat – du hast eine Pause gemacht! In der Pause hast du die Stirn gerunzelt und deinen Mitarbeiter angeguckt – der dachte bestimmt, dass du unzufrieden bist über seinen Spruch, und weil von dir sonst nichts kam, hat er sich angestrengt und doch noch Ideen entwickelt!«

»Na ja, das war keine lange Pause, höchstens fünf bis sechs Sekunden oder so.« Martin ist erstaunt.

»Schon! Aber hast du schon einmal in einem Gespräch eine Pause von zehn Sekunden erlebt? Das ist für viele Menschen sehr lang. Wenn Schulz denkt, dass *er* den Ball hat, dass du also auf eine Antwort von ihm wartest, sind acht Sekunden für ihn viel länger als für dich.«

»Aber er hatte doch den Ball gar nicht? Er hat ja gesagt, dass er nicht versteht, was ich meine – der Ball war doch bei mir!«

»Jein. Du hast die Stirn gerunzelt und nichts gesagt. Wenn er denkt, dein Stirnrunzeln sei Kritik an seiner Denkfaulheit – dann hat er den Ball wieder bei sich gesehen. Damit hast du ungewollt Druck aufgebaut.«

Martin denkt nach: »Also, Steve hatte am Telefon gemeint, dass ich Mitarbeitern begegnen würde, die Meister des argumentativen Pingpongspiels wären. Dazu hat er gesagt, dass die wichtigste Führungstechnik, zusammen mit der Mutter aller Fragen, die Pause sei. Jetzt redest du davon, dass meine relativ kurze Pause bei Schulz sehr viel bewirkt hat. Meinst du denn, eine Pause könnte alle Probleme lösen? Ich kann doch nicht immer, wenn ich keine Idee mehr habe, eine Pause machen, und alles löst sich in Wohlgefallen auf?«

Pitt muss lachen. »Menschen, die von ›immer‹ sprechen, machen mich immer misstrauisch. Lass uns doch anschauen, was wir bisher wissen: Der Ball soll über das Netz. Dabei hilft die Frage, wie der andere ein Problem löst. Danach kann eine Pause weitere Wirkung erzielen, oder? Selbst wenn Klappe halten und Stirn runzeln nicht immer helfen werden – das waren doch die zentralen Ideen?«

»Ja, das stimmt, grundsätzlich läuft es schon darauf hinaus«, stimmt Martin zu: »Wenn der Sinn geklärt ist, den Ball zum Mitarbeiter spielen und dort halten. Das ist die Kernbotschaft. Und beim Halten des Balles auf der richtigen Seite hilft es, streng zu gucken und eine Pause zu machen.« Er lacht auch.

»Komm, wir üben das mal«, schlägt Pitt vor. »Du kennst dich besser aus mit Mitarbeitern, weil du ja so viele Leute führst: Was hältst du davon, wenn du dir überlegst, was deine Mitarbeiter alles sagen könnten, um den Ball der Verantwortung wieder zu dir zurückzuspielen?«

»Lustige Idee – das kann nichts schaden!«, nickt Martin. »Wie steigen wir ein? Du kennst dich ja mit den Aufgaben im Handel nicht so gut aus?«

»Die Aufgaben sind vermutlich austauschbar, Martin: Ich denke, es ist eine Frage der Struktur, der zwischenmenschlichen Dynamik. Ein wenig motivierter Mitarbeiter im Handel hat vermutlich mit einem wenig motivierten Mitarbeiter bei der Deutschen Bahn vieles gemeinsam. Lass uns einfach annehmen, dass ich als dein Chef irgendetwas möchte, was du normalerweise nicht gerne machst. Und lass uns weiter annehmen, dass wir gerade schon den Sinn dieser Tätigkeit gut herausgearbeitet haben. Beim Sinn müssen wir über die Aufgabe genau Bescheid wissen – sonst können wir dem Mitarbeiter im Notfall keine Brücken bauen, damit er den Sinn selbst entdeckt. Beim nächsten Schritt, bei der Frage nach der Lösung, müssen wir aber nach meinem Gefühl vor allem darauf achten, wie wir den Ball der Verantwortung eindeutig beim Mitarbeiter belassen können. Einverstanden?«

Martin nickt und Pitt fährt fort: »Du bist also mein Mitarbeiter. Nehmen wir an, wir haben gerade besprochen, dass Aufgabe X von dir nicht gut erledigt wird; dass es dir aber Nutzen bringen würde, dich zukünftig besser darum zu kümmern. X kann sein, die Ware zu wälzen oder die Züge bei der Bahn pünktlich abfahren zu lassen oder rechtzeitig aus der Pause zurückzukommen oder freundlich zu den Kunden zu sein – es geht in jedem Fall darum, wie du die besprochene Aufgabe in Zukunft verlässlich erfüllst, richtig?« Martin stimmt zu und Pitt entwickelt den Faden weiter: »Fein. Also lautet der Start in unsere kleine Übung, dass ich sage: Lieber Mitarbeiter, gut, dass Sie die Wichtigkeit von Aufgabe X erkannt haben – wie werden Sie das also in Zukunft verlässlich umsetzen? Damit ist der Ball der Verantwortung beim Mitarbeiter. Wie würden deine Mitarbeiter reagieren, wenn sie ein wenig sperrig wären?«

»Warte, du hast gefragt, wie ich es künftig lösen würde – na, dann müsste ich doch jetzt Lösungen nennen?«

»Ja klar, Martin, in der Theorie schon, aber nicht alle Leute sind wie du und kooperieren so schön. Steve – seit wann nennst du ihn denn überhaupt Steve? – jedenfalls hat ja gesagt, dass an diesem Punkt die Bälle gelegentlich zum Chef zurückfliegen würden. Auch dein mürrischer Herr Schulz ist nicht sofort freudestrahlend auf den Zug aufgesprungen – was war seine erste Reaktion auf die Frage, wie er künftig Kundenfreundlichkeit sicherstellen würde?«

»Na ja, erst sagte er, das könne man nicht planen, und dann sagte er, er wisse nicht so recht, worauf ich hinaus will. Der Ball flog in dem Moment einige Male zu mir zurück!«

»Da haben wir doch schon einige Antworten, Martin. Ich glaube, dass der Steve Wilhelm solche Reaktionen gemeint hat, als er von Pingpongspielen gesprochen hat. Lass uns mal strukturiert vorgehen, okay? Ein Return, wenn wir jetzt eher beim Tennis bleiben, wäre doch, dass der Mitarbeiter so etwas sagt wie: Das geht nicht. Das wäre die grundsätzliche Form von: Das kann man nicht planen. Einverstanden?«

»Was meinst du damit? Ich habe jetzt den Anschluss verpasst!« Martin schaut verwirrt.

»Ich denke eben, dass man nicht für jede denkbare Antwort eines Mitarbeiters vorbereitet sein kann. Ich vermute, dass die verschiedenen Antworten trotzdem Ähnlichkeiten aufweisen, und versuche, so etwas wie Antworttypen zu beschreiben. Grundsätzliche Formen von Antworten, das meine ich. Die erste Antwort von Schulz, ›Das kann man doch nicht planen‹, gehört für mich zum allgemeinen Antworttyp: ›Das, was Sie da möchten, Chef, das hat vielleicht einen Sinn, aber trotzdem geht das so nicht, wie Sie das sagen.‹ Oder eben in Kurzform: ›Das geht nicht.‹ Verstehst du?«

»Ja, so langsam hab ich deine Logik erfasst. Ich wiederhole mal: Wir spielen den Ball zum Mitarbeiter, indem wir ihn nach einer Lösung fragen. Er spielt den Ball wieder zu uns zurück, zum Beispiel mit einer Antwort aus der Kategorie ›Das geht doch gar nicht‹ – richtig?«

»Genau«, nickt Pitt und fährt fort. »Deshalb sollten wir uns jetzt grundsätzliche Reaktionen auf die verschiedenen Antwortkategorien überlegen. Wenn das klappt, wärst du gut auf alles vorbereitet, was kommen kann. Also: Wie reagierst du, wenn der Mitarbeiter dir etwas antwortet wie: Das kann man nicht lösen?«

Martin sagt nach kurzem Nachdenken: »Also, der Kern ist auf jeden Fall, dass wir als Führungskräfte wissen, dass das Problem lösbar ist. Entweder wir haben es früher schon selbst gelöst, als wir noch die Position des Mitarbeiters hatten, oder wir kennen andere Mitarbeiter in vergleichbarer Position, die das gut hinbekommen. Das würde dann auf alle Fälle bedeuten, dass die Antwort des Mitarbeiters falsch ist.«

Pitt stimmt wieder zu und führt den Gedanken weiter: »Wir könnten sie gewissermaßen übersetzen, weg vom Inhalt, hin zu einer zwischenmenschlichen Botschaft: Chef, ich strenge mich erst einmal gar nicht an, ernsthaft über Ihre Frage nachzudenken, sondern schmettere sie einfach pauschal wieder zu Ihnen zurück, indem ich behaupte, sie sei nicht lösbar.«

Der gute Papa Martin

»Ich sag doch, die sind alle vollkommen unselbstständig! Das ist doch meine Rede!«, schimpft Martin, aber Pitt schüttelt den Kopf.

»Was würdest du ohne dein Coaching tun, wenn ein Mitarbeiter den Ball in dieser Form zu dir zurückspielt? Wie würdest du normalerweise reagieren?«

»Ich würde ihm erzählen, wie ich es früher gemacht habe, oder ihm erklären, wie es ein Kollege löst.«

»Das ist genau der Punkt, Martin! Ohne Coaching würdest du reagieren wie auf dem Video, auf dem du als einziger strampelst und der Mitarbeiter nur passiv dasitzt und dir zuhört – weißt du noch? Du denkst, du hast unselbstständige Mitarbeiter, aber du erziehst sie zur Unselbstständigkeit, indem du ihnen zu rasch aus der Patsche hilfst!«

»Pitt, du bist mein Freund, aber das ist jetzt doch starker Tobak! *Ich* bin also schuld, wenn die doof sind?«

»Martin, beruhige dich, dann siehst du, was ich meine. Hast du nicht sowohl von Frau Briegel wie auch von diesem Schulz erzählt, dass sie beide auf mehr Ideen kamen als du selbst, nachdem der Dialog erst einmal richtig lief? Das beweist doch, dass sie nicht doof sind. Sie hatten nur bisher keine Veranlassung, besonders schlau zu sein – denn ›Papa Martin‹ hat ihnen immer schnell das Denken abgenommen und alles vorgekaut.«

»Papa Martin? Das wird ja immer schlimmer, was du hier rauslässt! Ich habe denen doch nicht das Denken abgenommen, ich habe ihnen nur geholfen, wenn sie nicht weiterwussten – und jetzt bin ich an ihrer Blödheit schuld?«

Pitt seufzt: »Okay, du hast ihnen geholfen, das hast du eben gerade gesagt – und helfen ist etwas Positives. Einverstanden? Helfen hat, wie fast alles, was guttut, Nebenwirkungen: Jemand, der immer geholfen bekommt, gewöhnt sich an die Hilfe. Jemand, der immer getragen wird, dessen Muskeln werden schwach. Jemand, der immer die Welt erklärt bekommt, hört auf, selbst nachzudenken.« Martin schnaubt und Pitt legt nach: »Der Beweis, ich habe es gerade schon gesagt, liegt doch in dem, was du selbst berichtet hast: Als du nicht geholfen hast, waren sowohl Briegel wie Schulz in der Lage, *selbst* Ideen zu entwickeln!«

»Na super – also bin ich selbst schuld.« Martin ist noch immer aufgewühlt, doch Pitt zeigt sich weiterhin unbeeindruckt.

»Jetzt fang doch nicht an zu schmollen, Mensch! Mir hat mal mein Freund Tom, ein Psychologe wie deine Hannah, in einer ähnlichen Situation ganz cool gesagt: ›Selber schuld – das ist doch ein großes Glück!‹, und als ich ihn dumm angeguckt habe, meinte er, wenn andere an unseren Problemen schuld wären, sei das doch viel schlimmer, denn dann müssten wir warten, dass andere etwas tun oder sich ändern. Wir wären abhängig. Wenn wir aber selbst schuld sind – dann könnten wir noch in der gleichen Minute, in der wir das erkennen, selbst etwas tun und selbst etwas ändern. Du machst das doch gerade auch – du änderst deinen überfürsorglichen Führungsstil!«

»Die haben dir wohl irgendwas in deine Schorle getan!« Martin schmollt immer noch und bestellt sich ein zweites Weizenbier. Pitt grinst: »Du kannst doch immer noch deinen Anfängern helfen, die wollen von dir haarklein wissen, wie etwas geht, da kannst du deinen hilfsbereiten Anteil ausleben! Aber deinen Profis, Leuten wie Krüger, Briegel, Schulz – denen musst du nichts mehr erklären, denen kannst du etwas zutrauen! Wenn du die motivieren willst, in Bewegung versetzen, du erinnerst dich, dann musst du sie aktivieren, indem du *ihnen* die Bälle zuspielst!«

Martin ist still, bis sein Bier vor ihm steht. Er trinkt einen großen Schluck und stellt das Glas ab. Erst jetzt schaut er Pitt wieder an. »Kann sein, dass du recht hast. Aber ein harter Brocken ist das trotzdem! Wir schauen mal weiter, wie wir die Bälle zurückspielen, okay?«

»Gern. Der Kern der Situation ist also, dass wir sicher wissen, dass das Problem lösbar ist. Das ist die Voraussetzung für diese Art des Dialogs. In dem Fall können wir mit gutem Gewissen den Ball zum Mitarbeiter spielen. Jetzt lass uns also noch mal nachschauen, wie es verschiedene Mitarbeiter anstellen, wenn sie den Ball dann wieder zurückspielen.«

»Einverstanden. Wir haben also ›Kann man nicht lösen‹ für uns mit ›Keine Lust, mir Gedanken zu machen‹ übersetzt – der Mitarbeiter hat den Ball zu uns gespielt. Würden wir nun für ihn nach einer Lösung suchen, sind wir zwar nett und helfen ihm, wir schwächen ihn aber langfristig. Korrekt?«

Pitt stimmt zu: »Ganz genau. Wie bekommst du also den Ball wieder dorthin, wo er hinsoll – zum Mitarbeiter?«

Martin runzelt die Stirn und trinkt zwei Schluck. »Der Mitarbeiter sagt mir, es geht nicht, es ist nicht lösbar – und ich will ihm sagen, doch, es geht! Nein, anders: Er sagt, er will nicht darüber nachdenken, und ich möchte ihm sagen, ich will aber, dass du nachdenkst, richtig? Was hältst du davon, wenn ich dann etwas sage wie: Ich bin sicher, es fällt Ihnen etwas ein?«

»Peng!«, sagt Pitt und zieht den Kopf ein.

»Was ist jetzt los?«, will Martin wissen.

»Na, du hast den Ball scharf übers Netz wieder in mein Feld gekloppt. Das hast du außerdem noch charmant gemacht, weil du die bittere Pille der Zuständigkeit in einen Zuckerguss aus Vertrauen in meine Fähigkeiten gehüllt hast! Das war genial! Und nach diesem Satz kommt die Pause – mehr musst du gar nicht machen, finde ich.«

»Ja, es klingt ganz freundlich, und es ist trotzdem eindeutig: Der Ball ist auf der richtigen Seite«, stimmt er seinem Freund zu.

»Siehste, Papa Martin, da kannst du nett sein *und* deine Leute fit machen!«

»Wenn du noch einmal Papa sagst!«, droht Martin, aber dieses Mal muss er über die Neckerei lachen. Beide Männer haben gute Laune, weil sie merken, dass sie ihrer Zielstellung näherkommen: den Mitarbeiter in die Verantwortung zu nehmen.

»Was könnten die Leute noch antworten, wenn du sie um die Lösung bittest?«, nimmt Pitt den Faden wieder auf.

Martin überlegt kurz. Dann sagt er: »Ich glaube, die etwas Mutigeren werden mit einer Gegenfrage antworten, so was wie: Sagen *Sie* doch einfach, was Sie meinen!«

Pitt denkt laut nach: »Einerseits haben die schon recht, schließlich hast du sie dazu erzogen, deine Hilfe zu erwarten, aber das Thema hatten wir ja gerade. Du könntest ihnen das verbal erklären, nach dem Motto: Ab heute möchtest du eben gerne, dass sie selbst denken. Aber das sollten sie meiner Meinung nach lieber am eigenen Leib erleben, als es abstrakt und theoretisch zu erörtern.«

»Weißt du, eigentlich kann ich ja ganz entspannt bleiben, immerhin bin ich der Chef und entscheide, was ich will! Wenn mich einer auffordert, zu sagen, was ich gern haben möchte, bleibe ich einfach stur und antworte: Was ich gerne möchte, Herr X, habe ich Ihnen gerade gesagt: Ich möchte, dass *Sie* sich Gedanken machen, wie Sie dieses Problem lösen werden.«

Pitt ist kritisch: »Das klingt aber arg pampig!«

»Nicht, wenn ich es in einem freundlichen, offenen Ton sage. Und erwartungsvoll lächle. Du weißt doch, der Ton macht die Musik. Ich finde, das gilt hier auch.«

»Hm, in Ordnung. Wenn also jemand sagt, dass du erklären sollst, wie du das Problem gelöst hättest, antwortest du mehr oder weniger, dass du das gerne von ihm wissen willst. Der Ball fliegt zu dir, aber du spielst ihn direkt wieder zurück. Gut. Fällt dir noch eine Art ein, wie ein Mitarbeiter oder eine Mitarbeiterin reagieren könnte, wenn du nach der Problemlösung fragst?«

»Also, die goldige kleine Melanie Rösch aus der Getränkeabteilung, die würde vielleicht einfach so was sagen wie: Boah, ist das schwer! – Danach würde *sie* eine Pause machen und einfach nur mit großen Kulleraugen abwarten, dass ich ihr helfe, das Problem zu lösen. Verflixt! Die rechnet damit, oder?« Martin klatscht sich in einem Anflug von Selbsterkenntnis die flache Hand gegen die Stirn, was Pitt zum Lachen bringt.

»Diese Damen sprechen vermutlich den Ritter in uns an, der das Burgfräulein aus größter Not vor dem Drachen retten soll. Immerhin wärst du dann von Papa Martin zu Ritter Dampf aufgestiegen!«

»Du bist ein A–.« Martin trinkt grinsend sein Weizenbier leer. »Und wie reagiere ich da jetzt freundlich und spiele diesen Ball wieder zurück zum Burgfräulein? Ab heute töten Sie die Drachen ohne mich?«

»Da fällt dir sicher etwas ein, Martin«, strahlt Pitt und lacht gleich darauf Tränen, als Martin die Formulierung erkennt und lautstark protestiert, Pitt solle gefälligst diese Technik nicht bei ihm anwenden. Dann wiederholt Pitt die Fragestellung: »Also, das süße Kullerauge wendet intuitiv die Pausentechnik an. Sie fällt sozusagen geistig in Ohnmacht, damit der Ritter zur Rettung reitet. Was könnte der große, weise, kluge Chef sagen, ohne dem Fräulein das Denken abzunehmen?«

»Er könnte sagen – also, ich könnte sagen: Frau Rösch, es ist sicher schwierig, aber ich glaube an Sie. Nee, das ist blöd, oder?«

Pitt schaut seinen Freund an und lacht schon wieder: »Hast du mal ein Foto von der? So viel Süßholz – geht es vielleicht mit etwas weniger Zucker?« Martin murmelt etwas von »die Freuden der Zusammenarbeit mit manchen Mitarbeitern sind nun einmal vielschichtig«.

Pitt kommt zum Thema zurück: »Die Struktur deiner Reaktion finde ich gut. Du greifst ihren Einwand auf, gibst ihr im Prinzip recht, dass es schwierig sei – aber du hilfst nicht, sondern legst ihr sanft den Ball wieder vor die Füße. Ganz Ritter, eben. Ich stelle dir mal eine etwas heikle Frage, wir sind ja unter uns: Was würdest du zu ihr sagen, wenn sie dreißig Jahre älter wäre und vierzig Kilo mehr hätte?«

Martin rutscht etwas auf dem Stuhl nach hinten und streckt den Rücken durch: »Also, Frau Rösch, würde ich sagen, klar ist das schwer, aber es ist eine wichtige Frage, und ich würde gern die Antwort von Ihnen hören.«

»Das war jetzt deutlich strenger, aber noch nicht unfreundlich«, analysiert Pitt.

»Mir fällt so schnell nichts ein«, sagt Martin, und Pitt versteht, dass das eine weitere, typische Mitarbeiterantwort sein soll.

»Man könnte antworten: Das ist nicht schlimm, die Frage ist ja auch nicht einfach – denken Sie ruhig in Ruhe darüber nach! – Da habe ich dein Muster verwendet, dass du erst zustimmst, den Ball aber trotzdem beim Mitarbeiter lässt. Das finde ich ein gutes Prinzip.«

»Ja, es ist freundlich, wie du vorhin schon bemerkt hast, und es ist ein kleines bisschen fies, denn der Mitarbeiter denkt bestimmt beim ersten Teil des Satzes, dass ich ihm jetzt helfen würde – und wird dann beim zweiten Teil kalt abgeduscht. Das finde ich aber nicht schlimm, das macht wach, und mein Ziel ist schließlich, die Leute in Bewegung zu versetzen.«

»Egal, wie sehr ich auch darüber nachdenke, Herr Dampf – ich finde einfach keine Lösung auf diese Frage«, liefert Pitt den nächsten Mitarbeiterspruch.

»Also, spätestens jetzt würde ich bestimmt helfen«, sagt Martin und blickt halb fragend zu Pitt.

»Ich weiß nicht recht. Vielleicht kannst du an der Stelle erst einmal mit einer Brücke helfen und nicht gleich die komplette Lösung runterbeten? Das wäre ein Kompromiss, oder?«

Martin erinnert sich wieder an die grundsätzliche Frage seines ersten Coachinggesprächs: »Ganz am Anfang stand ja die

Überlegung, dass ich den Mitarbeitern, die etwas nicht wissen, in Ruhe erklären sollte, was sie wissen müssen, während bei den anderen Mitarbeitern, die sich schon auskennen – denen sollte ich nichts mehr erklären, sondern sie wieder ins Arbeiten bringen. Insofern wäre die Brücke geeignet, denn sie hilft zwar, nimmt aber die Denkarbeit nicht komplett ab.«

Pitt stimmt ihm zu. »Gut, dann kannst du also eine Brücke bauen, wenn jemand sagt, dass ihm absolut nichts einfällt. Wobei, wenn wir eiskalt noch einmal das gleiche Muster wie vorhin anwenden, könntest du einfach weiter stur bleiben und freundlich zugleich.« Martin schaut fragend und Pitt erklärt seinen Gedanken: »Du würdest auch hier wieder erst zustimmen und dann den Ball spielen, etwa so: Lieber Mitarbeiter, ich merke, ich habe Sie mit meiner Frage überrumpelt – wahrscheinlich könnte ich selbst auch nicht auf Kommando viele gute Vorschläge nennen. Wenn Ihnen jetzt gerade einfach nichts einfällt – dann treffen wir uns doch morgen früh wieder zu diesem Thema. Bis dahin haben Sie sich bestimmt schon eine ganze Menge guter Vorschläge überlegt, wie Sie das Problem in Zukunft lösen werden! Passt Ihnen elf Uhr?«

Martin runzelt die Stirn: »Das ist schon heftig. Egal, was der Mitarbeiter macht, er kommt nicht raus aus der Nummer – wenn ihm jetzt nichts einfällt, dann muss er eben morgen liefern. Wenn man so will, hat er den Ball dann die ganze Nacht bei sich. Wenn ich mir grundsätzlich sicher bin, dass er liefern kann, dann ist das eine klare Ansage. Auf eine freundliche Art sage ich ihm, dass er in der Pflicht ist, seine Regale zu spiegeln, oder seinen Zug pünktlich zu fahren, oder seine Kunden freundlich zu behandeln. Ich sage ihm, dass es seine Aufgabe ist und dass er mir vermitteln soll, wie er sie löst. Wenn meine Einschätzung stimmt und er kompetent dafür ist, aber träge – dann ist diese klare Ansage sehr nützlich, weil er kapiert, dass er seine Aufgabe nicht an seinen Chef abgeben kann.«

Die beiden Freunde sind still. Es ist schon wirklich spät geworden heute, sie haben viel Zeit mit dieser Fragestellung verbracht. Nach einer längeren Pause sagt Martin: »Es passt schon eins zum anderen. Wichtig ist, dass ich das nur mit einem Profi machen darf, der sich auskennt, niemals mit einem Anfänger. Einem Azubi oder einem neuen Mitarbeiter darf und muss ich weiterhin erklären, wie es läuft und was im Handbuch steht. Dem muss ich es erklären, zeigen und ihm die Dinge Schritt für Schritt beibringen. Wenn ich den anlächeln würde mit den Worten ›Ihnen fällt schon etwas ein‹, kippt der mir vor Schreck um!«

Pitt nickt und stimmt zu. Er schaut Martin nachdenklich an. »Einen Punkt habe ich noch, Martin. Was machst du, wenn dieser Mitarbeiter am nächsten Tag um elf Uhr vor dir sitzt und sagt, ihm sei auch über Nacht nichts eingefallen? Das wäre der *Worst Case*. Schauen wir das noch an und dann ist es gut für heute?«

Martin sortiert seine Gedanken und sagt langsam: »Also, in dem Fall müsste ich eigentlich sagen: Wenn Ihnen zu diesem Thema bis heute keinerlei Lösung eingefallen ist, Herr X – dann frage ich mich, ob Sie der richtige Mann an dieser Position sind.« Martin schnauft durch: »Was meinst du, ist das zu hart? Irgendwo muss ja auch mal ein Ende sein mit dem Fragenstellen und Brückenbauen, oder?«

Pitt nickt langsam: »Wenn du zuvor gut überlegt hast, ob er das, was du von ihm verlangst, kann – und der Mitarbeiter liefert weiterhin nichts – nicht einmal nach 24 Stunden –, dann wäre solch ein schweres Geschütz vielleicht schon richtig. Sagen wir mal, wenn du außerdem noch ein oder zwei Brücken angeboten hast und er ist auch nicht über deine Brücken gegangen – dann ist es womöglich eine Art Machtkampf und er will nicht aus der bequemen Kuschelecke heraus. Dann wäre *das* dein Plan B, um ihm zu sagen, dass das Ende der Fahnenstange erreicht ist.«

Martin greift den Gedanken auf: »Schließlich habe ich mich bis zu diesem Zeitpunkt freundlich verhalten. Das haben wir beide vorhin gesagt. Ich schimpfe nicht, ich kritisiere nicht einmal, ich helfe gegebenenfalls beim Denken mittels Brücken, die ich baue. Ich gestehe auch zu, dass der Mitarbeiter Zeit braucht. Wenn er dann immer noch nicht liefert, habe ich entweder einen Denkfehler oder es ist so etwas wie ein Machtkampf.«

Beide Freunde nicken. Sie fühlen sich müde, aber sie sind zufrieden, als sie nach Hause gehen.

Martin setzt sich trotz der Müdigkeit noch vor seinen Notizblock und stöhnt. Sein Tag war lang, er will schlafen gehen. Doch er hat viele neue Erkenntnisse gewonnen, die er unbedingt festhalten möchte. Heute waren nicht nur wichtige, sondern auch schmerzhafte Überlegungen dabei. Er will sie notieren, um sich ihnen zu stellen. Zunächst nimmt er sich die letzte Notiz vor und streicht das Fragezeichen, das er dort gemacht hatte.

- Verbunden mit der »Mutter aller Fragen« ist die wichtigste Führungstechnik – die Pause.

Dieser Satz *stimmt*, das hat er inzwischen herausgefunden. Die Pause hilft, den Ball beim Mitarbeiter zu lassen, das Fragezeichen kann weg. Er fährt mit seiner Liste fort und schreibt:

- Indem ich den Ball zum Mitarbeiter spiele und ihn mit Pausen und anderen Techniken dort halte, merkt der Mitarbeiter, dass seine Meinung tatsächlich gefragt ist, und er beginnt, ernsthaft nach einer Lösung zu suchen.
- Es gibt eine Menge Möglichkeiten, mit denen Mitarbeiter den Ball wieder zur Führungskraft zurückspielen – man kann sie jedoch zu einigen grundsätzlichen Strukturen zusammenfassen, auf die man sich jeweils gut vorbereiten kann:

  - »Das geht nicht.« – »Oh doch! Denken Sie in Ruhe nach!«
  - »Ich weiß nicht, wie.« – »Das ist ja auch eine schwierige Frage – nehmen Sie sich genügend Zeit für Ihre Antwort!«
  - »Ich komme da gerade wirklich nicht darauf!« – »Okay; wenn ich Sie überrumpelt habe, tut es mir Leid, dann sprechen wir einfach morgen früh noch mal darüber – bis dahin haben Sie eine Menge Zeit, um sich wirklich gute Lösungen auszudenken!«
  - »Warum sagen Sie mir nicht einfach, was Sie wollen?« – »Das tu ich ja: Ich möchte gern, dass Sie eine eigene Antwort für die Frage finden!«
- Letzten Endes sind fast alle Reaktionen nach dem gleichen Muster gestrickt: Man kann dem Mitarbeiter zugestehen, dass er gerade nicht auf Anhieb eine Lösung findet – aber man nimmt ihm die Suche danach nicht ab, man gibt ihm einfach mehr Zeit dafür.
- Wichtig ist bei jeder der Reaktionen: Der Ball der Verantwortung bleibt beim Mitarbeiter!
- Achtung: Wenn ich dem Mitarbeiter dauernd helfe, gewöhnt er sich daran und wird unselbstständig! Ich darf mich nicht einwickeln lassen, wenn er sich hilflos gibt, falls ich zuvor für mich geklärt habe, dass der Mitarbeiter in der Sache kompetent ist!

Dieser letzte Punkt ist ein Schlüsselaspekt. Den möchte Martin nicht in seiner Auflistung verschwinden lassen, den möchte er gesondert betonen. Er blättert zu einem frischen Blatt seines Blocks und schreibt dick oben in die erste Zeile: »Führungsfehler«. Das muss jetzt sein, er will seine eigenen blinden Flecken bekämpfen! Martin ergänzt in großen Buchstaben, was ihm heute klar wurde.

Führungsfehler / Grundsatzgedanken

- Die Mitarbeiter sind viel schlauer, als man so denkt!
- Sie für dumm zu halten ist dumm!

- Ihnen alles zu erklären ist nett gemeint, aber es gewöhnt ihnen das Denken ab!
- Wenn ich ihnen alles erkläre, muss ich mich nicht beschweren, dass sie sich dann irgendwann darauf verlassen, dass ich für sie denke!
- Wer zu viel hilft, macht also die anderen schwach!
- Führungsaufgabe ist es, den Mitarbeitern zu helfen, ihre Kompetenz zu erkennen und sie selbst anzuwenden!
- What you think is what you get:
  Denkst du, sie sind blöd, und behandelst sie auch so, dann werden sie sich auch blöd verhalten; denkst du aber, sie sind schlau, und behandelst sie so, dann werden sie sich auch schlau verhalten.

Puh. Starker Tobak, aber es ist notwendig, sich diesen Zusammenhang ganz deutlich klarzumachen. Eigentlich steht achtmal das Gleiche auf diesem Zettel, nur mit anderen Worten, denkt Martin. Aber lieber sage ich es zehnmal, bevor ich noch einmal die Mitarbeiter künstlich durch übertriebene Hilfsbereitschaft dumm und passiv halte.

Mit diesen Gedanken geht er schlafen.

McGregor wusste Bescheid

Hannah Dampf genießt die gute Stimmung, die zu Hause seit einigen Wochen herrscht. Seit den ersten Coachingterminen mit Steve Wilhelm ist ihr Mann wie ausgewechselt: schwungvoll und energiegeladen. Er pfeift fröhlich, wenn er sich morgens auf den Weg zur Arbeit macht, und in den vergangenen zwei Wochen war er drei Mal eine gute Stunde früher zu Hause als sonst. Hannah spricht ihn nicht direkt darauf an, weil sie nicht möchte, dass er sich beobachtet fühlt und dann aus Stolz abwiegelt. Aber offensichtlich tut ihm Steve Wilhelms Coaching gut. Als sie vergangene Woche einige Unterlagen in sein Zimmer legte, konnte sie an der Wand neben Martins Schreibtisch den Zettel »Führungsfehler« hängen sehen. Was ihr Mann dort aufgezählt hat, kam ihr alles sehr bekannt vor. Heute früh war ihr beim Joggen eingefallen, woran sie beim Überfliegen der Punkte denken musste.

Weil Sonntag ist und beide Zeit haben, spricht sie ihn beim Mittagessen auf dieses Thema an: »Sag mal«, beginnt sie, während sie die Vorspeise löffeln, »wann hast du dich denn mit McGregor beschäftigt?«

Martin schlürft seine Suppe und blickt seine Frau verständnislos an: »McGregor?«

»Ja, Douglas McGregor. Du hast doch seine Ideen an deine Wand gepinnt!«

Martin lässt den Löffel sinken und schaut Hannah an: »Das sind meine Ideen! Also, die von Pitt und mir. Die haben wir uns vor zwei Wochen im Fitnessstudio ausgedacht. Wir haben über mich geredet und über Führung von Mitarbeitern. Nachts habe ich dann diese Punkte notiert. Da war kein McGregor im Studio, nur Pitt und ich!«

Hannah lacht: »Nein, der kann da auch nicht gewesen sein, der ist schon seit über fünfzig Jahren tot. Kompliment, Martin, wenn Ihr beiden das ohne ihn zu kennen entwickelt habt – immerhin war er Professor am Massachusetts Institute of Technology, und er hat zu dem Thema, das du an der Wand hängen hast, seine berühmtesten Thesen formuliert!«

»Da kannst du mal sehen!«, grinst Martin, sichtlich erfreut. »Hat er sie auch Führungsfehler genannt?«

»Er hat es die X-und-Y-Theorie genannt, hast du davon echt noch nicht gehört?«

Martin schüttelt den Kopf: »Ich halte nicht viel von Theorien. Was will er denn mit seiner Theorie sagen?«

»McGregor hat behauptet, dass jede Führungskraft genau den Mitarbeiter bekommt, mit dem er oder sie rechnet – aber nicht durch Zufall, sondern weil er oder sie eine bestimmte Überzeugungsbrille auf der Nase trägt.[7] Dadurch, dass er mit einem bestimmten Mitarbeitertypus rechnet, macht er in gewisser Weise seine Mitarbeiter überhaupt erst zu diesem Typ.«

»Warte mal ... Pitt meint ja, ich mache meine Leute durch zu viel Hilfe unselbstständig. Du sagst, die Erwartung, die man als Chef hat, erzeugt den Mitarbeiter, den man bekommt, stimmt das? Ist das so etwas wie eine sich selbst erfüllende Prophezeiung?«

»Ja, genau: Ausgangspunkt ist, dass jeder Chef mit einer bestimmten Art von Mitarbeiter rechnet. Weil er so fest davon überzeugt ist, dass Menschen, oder speziell Mitarbeiter, so sind, wie er das denkt, behandelt er die Kolleginnen und Kollegen natürlich auch dementsprechend. Das ist nur menschlich. Die Mitarbeiter, auf der anderen Seite, stellen sich nach und nach auf diese Behandlung ein – wodurch sie am Ende so

---

7 McGregor, 1973

sind, wie der Chef es von Anfang an erwartet hat. Genauer gesagt: Wodurch sie sich am Ende so *verhalten*, wie der Chef das erwartet hat, sie sind ja nicht von Kindheit an so, sondern erst durch die Art, wie der Chef mit ihnen umgeht.«

»Das erinnert mich ans Tanzen, oder?«, sagt Martin. »Indem der Chef so führt, wie er führt, entscheidet sich, ob der Mitarbeiter Walzer oder Slowfox tanzt?«

»Nicht ganz«, Hannah muss lachen, »beim Tanzen hängt es doch hoffentlich eher von der Musik ab, was beide tanzen.«

»Also, jedenfalls hat der McGregor recht«, zeigt sich Martin großzügig. »Wie ich neulich abends schon festgestellt habe: Ich bekomme schlaue, selbstständig denkende Mitarbeiter, wenn ich sie fordere, und ich erzeuge passive Mitarbeiter, wenn ich ihnen alles abnehme. Das ist hart, weil man sich als Führungskraft letzten Endes selbst schadet, wenn man hilfsbereit ist. Und ich kann dir sagen: Es gibt Leute, die sind wirklich geschockt, wenn ich die zum Selbstdenken auffordere, man sieht sie richtig blass werden – aber ich kann denen das gar nicht vorwerfen, sondern nur mir selbst! Indem ich immer alles vorgekaut habe, habe ich ihnen das Denken abgewöhnt. Und dann habe ich mich darüber auch noch beklagt – peinlich!«

Hannah nickt freundlich, und die beiden genießen einige Minuten schweigend ihr Essen.

Theorie X und Theorie Y

»Wie war jetzt das mit X und Y bei deinem Professor McDingens?«, will Martin dann aber doch wissen.

»McGregor. Douglas McGregor. Theorie X hat er es genannt, wenn eine Führungskraft der Meinung war, alle Leute wären faul und würden nicht gerne arbeiten. Wenn Führungskräfte denken, dass Menschen grundsätzlich unwillig sind, dass sie eine praktisch angeborene Abneigung gegen Arbeit haben und dieser deshalb so oft wie möglich aus dem Weg gehen, dann sind die Führungskräfte Anhänger der X-Theorie. Das ist eine Metapher – mit Theorie hat McGregor umschrieben, dass diese Leute ohne es zu wissen ihr Weltbild zur Wirklichkeit entwickelt haben. Das Weltbild, dass alle Menschen ungern arbeiten, hat er Theorie X getauft.«

»Okay – also so, wie ich es vor drei Monaten noch gesehen habe? Alle meine Mitarbeiter sind vergesslich und unselbstständig?«

»Ja, so in der Art. Du hast ihnen alles immer wieder neu erklärt – eben weil du sie für vergesslich gehalten hast. Damit hast du sie aber erst so richtig unselbstständig gemacht, denn sie wussten, im Zweifelsfall kommt der Herr Dampf um die Ecke und erklärt ihnen die Welt. Denken war bei dir im Markt nicht angesagt.«

»Ach komm, Hannah, reite nicht so darauf rum! Und das ist die X-Theorie?«

»Nicht ganz, das X-Weltbild einer Führungskraft geht wie gesagt von dem Gedanken aus, dass die Leute niemals freiwillig oder schon gar nicht gerne arbeiten. Infolgedessen wird eine Führungskraft, die das denkt –«

Martin fällt ihr ins Wort: »– der wird die Leute kontrollieren und ihnen alles vorschreiben, und er wird mit Zwang und mit Druck führen, richtig?« Hannah nickt, und Martin verfolgt den Gedanken weiter. »Das ergibt genau solch eine Wechselwirkung zwischen Chef und Mitarbeiter, wie es bei uns im Markt der Fall war! Ich denke, dass Mitarbeiter, denen man alles vorschreibt, die man ständig kontrolliert, die man von Anfang an praktisch zur Sicherheit unter Druck setzt, falls sie nicht erledigen, was gefordert ist – dass diese Mitarbeiter natürlich in einer solchen Atmosphäre auch keine Lust mehr haben, sich anzustrengen. Also werden sie schwerfällig, weil sie ja täglich acht Stunden etwas ohne wirkliche Freude an der Sache tun. Mensch, und der Chef, der das alles angerichtet hat, steht da mit der imaginären Peitsche in der Hand, lässt sie immer mal knallen und sagt grimmig: Ich habe es ja schon immer gewusst! Dabei hat *er* das erst ausgelöst!«

Hannah stimmt ihm zu. »Ja, der Chef, der denkt, seine Leute haben keinen Bock zu arbeiten, bekommt am Ende Leute, die keinen Bock haben zu arbeiten. Und der Chef, der denkt, seine Leute sind unselbstständig, bekommt am Ende eben unselbstständige Leute.«

»Und was ist dann die Y-Theorie?«, fragt Martin und räumt das Geschirr vom Mittagstisch ab. »Ich wette, da kommst du selbst drauf! Sie beschreibt das Gegenteil von X«, sagt Hannah grinsend, während Martin auf dem Weg in die Küche ist. Es klappert ein paar Minuten in der Küche, dann kommt er zurück und setzt sich wieder hin: »Theorie Y müsste dann heißen, dass die Führungskraft an das Gute glaubt? Ich denke, wer ein Y-Anhänger ist, der geht davon aus, dass Leute gerne arbeiten und dass sie von sich aus motiviert sind. Das wäre das Gegenteil von X, oder?«

»Genau. Wenn du von Theorie Y geleitet wirst, dann denkst du, Menschen arbeiten gerne. Dann willst du sie nicht antreiben und kontrollieren, dann willst du ihnen helfen, dass sie auch die Möglichkeit haben, gerne zu arbeiten. Entsprechend gestehst du ihnen als Y-Chef mehr Selbstverantwortung und mehr Freiheit zu. Du informierst sie auch über die Ziele der Organisation, weil du annimmst, dass sie das interessiert. Dadurch klemmen die Mitarbeiter sich viel stärker hinter ihre Aufgaben, sie denken mit, geben Gas – und auch die Y-Führungskraft wird am Schluss in ihrer Theorie bestätigt, denn sie sieht viele Mitarbeiter um sich herum, die gerne und engagiert arbeiten. Auch diese Führungskraft wird also in ihrer eigenen Erwartung täglich bestätigt. Und auch sie hat das, was sie sieht, selbst ausgelöst.«

Martin schüttelt den Kopf. »Warum führen dann nicht alle nach der Y-Methode?!«

»Es ist keine *Methode*, es ist nicht einmal eine echte Theorie, es ist ein Wort, das für eine Weltanschauung steht, für eine Überzeugung. Deine Frage müsste also lauten, weshalb die

Führungskräfte nicht alle der Y-Überzeugung anhängen – und wenn du das so fragst, kannst du es mit Sicherheit selbst beantworten.«

Martin knurrt: »Kann denn niemand mal eine Frage direkt beantworten? Will denn jeder immer mit mir Ball spielen?« Aber er muss selbst lachen, als er sich das sagen hört: »Ich weiß, ich weiß, nur selber denken macht schlau. Die Frage lautet: Wieso wechseln die X-Leute nicht zu Y? Genauer gesagt, wieso wechseln die nicht ihre *Überzeugung* in Richtung Y? Zunächst sind sie ja von ihrer Theorie X überzeugt. Warte, ich hab's: Sie erleben ja nie, dass es anders ist, oder? Indem sie nach ihrer Theorie X leben und führen, erschaffen sie genau die Welt, an die sie glauben. Niemand ist mehr ernsthaft motiviert, wenn er dauernd von Druck und Kontrolle umgeben ist. An jedem Abend schauen sie zurück und werden darin bestätigt, dass ihre Überzeugung stimmt, dass keiner ohne Druck arbeitet! Das ist ja grauenhaft!«

»– und die perfekte sich selbst erfüllende Prophezeiung«, ergänzt Hannah, »wie du eben schon richtig gesagt hast.« Sie fährt fort: »Selbst wenn die Anhänger der Theorie X etwas von der Theorie Y hören würden, würden sie ihre Annahmen nicht über Bord werfen. Stell dir vor, du würdest seit Jahren denken, dass alle deine Mitarbeiter nur mit einem Tritt in den Hintern voran marschieren – und das auch vom Alltag bestätigt bekommen. Würdest du dann jemandem glauben, der dir sagt, es geht auch ohne Tritt?«

Martin nimmt den Ball auf: »Nein. Ich würde nicht glauben, dass das, was ich seit Jahren erlebe, nur durch mich selbst verursacht wird. Wenn ich mich als X-Führungskraft überhaupt trauen würde, die Zügel ein wenig locker zu lassen, dann werden ja meine Mitarbeiter nicht gleich am ersten Tag Lieder der Freiheit und der Arbeitslust anstimmen. Die werden die Köpfe schön unten lassen. Vielleicht merken sie sogar kaum, dass ich etwas Neues ausprobiere. Selbst wenn sie es merken – sie würden vermutlich erst mal stillhalten und mit ihrer neuen Freiheit nicht viel anzufangen wissen. Et voilà: Spätestens nach ein oder zwei Wochen fühle ich mich in meiner alten Sicht bestätigt und stelle fest, dass meine Mitarbeiter jedenfalls nicht zur Theorie Y passen!«

»Das System stabilisiert sich selbst«, bestätigt Hannah. »Ein Wunder, dass sich bei dir etwas geändert hat.« Martin schaut sie an und überlegt, wie sie das gemeint haben könnte. Weil sie ihren empfindlichen Mann kennt, ergänzt sie rasch: »Das war als Kompliment gedacht!«

Martin denkt über ihre Bemerkung nach. »Also, bei mir kam einiges zusammen. Erstens war ich beinahe verzweifelt. Alles war mühsam, alles musste ich immer wieder neu erklären. Das hat sehr viel Kraft gekostet. Immerhin war ich bereit, eine Coachingstunde für 5.000 Euro zu buchen – und wenn du so viel Geld bezahlst, dann willst du das, was du lernst, auch ausprobieren. Na ja, und zweitens war die Art, wie dein Freund Steve mir das alles verklickert hat, schon überzeugend. Er hat mit mir weniger über Theorien geredet, nie über abstrakte Modelle, sondern immer über das, was ich tue, und welche Auswirkungen es ganz konkret hat.«

»Und ab welchem Moment lief es von allein?«, möchte Hannah noch wissen.

Martin denkt kurz nach: »Auf der einen Seite hat mich das Argument wirklich überzeugt, dass ich keine Leute in Bewegung versetzen kann, wenn ich ständig selbst mehr strample als die. Und auf der anderen Seite habe ich inzwischen mit sehr vielen Mitarbeitern Gespräche zu ganz unterschiedlichen Aufgaben geführt und immer versucht, diese neue Methode anzuwenden – und ich merke einfach jeden Tag, wie es wirkt. Weißt du, was total verrückt ist?«

Hannah schüttelt den Kopf und schaut Martin erwartungsvoll an.

»Am Anfang sind die Kollegen richtig erschrocken, wenn ich sie nach dem Sinn einer Aufgabe oder gar nach einem guten Lösungsansatz für ein Problem gefragt habe. Inzwischen ist es so: Die Mitarbeiter, mit denen ich schon zwei oder drei solche Gespräche geführt habe, spielen mir den Ball nicht erst ein oder zweimal wieder zu und stellen sich hilflos. Sie überlegen sofort, wie sie eine Sache angehen könnten. Bei zwei Leuten geht es sogar noch weiter – wenn die ein Problem haben, kommen sie zu mir und haben auch schon einen Lösungsvorschlag! Die wollen nicht mehr, dass ich das Problem für sie löse, die wollen nur noch wissen, was ich von ihrer Lösung halte! Ist das nicht klasse?«

Hannah strahlt: »Das ist wie im Lehrbuch – du bekommst, woran du denkst! Du gehst seit einiger Zeit davon aus, dass deine Leute in der Lage sind, Probleme selbst zu lösen – und sie beginnen tatsächlich, sie selbst zu lösen! Bist du deshalb schon immer wieder mal so früh von der Arbeit gekommen?«

Martin grinst nur.

Als Hannah abends an Martins Arbeitszimmer vorbeigeht, hört sie ihn telefonieren: »Du, Pitt! Hast du einen Moment Zeit? Kennst du einen Douglas McGregor? Nee? Also – wir beide, wir hätten *locker* Professor werden können!«

Lektion 6: Nur wer ein Problem hat, will es lösen

Inzwischen sind sechs Wochen vergangen. Martin Dampf ist weiterhin vor und nach der Arbeit entspannt und gut gelaunt. Hannah hört ihn gelegentlich Songs aus ihrer gemeinsamen Jugend summen – falsch aber fröhlich. Sie profitiert doppelt von seiner Veränderung, da er nicht nur besser gelaunt ist, sondern immer wieder früher nach Hause kommt.

Martin hat inzwischen einige Male überlegt, ob er sein Coaching schon nach fünf Terminen beenden soll. Insgesamt hatten sie ohnehin die offiziellen sechzig Minuten längst überschritten. Zwar wäre es für 5.000 Euro schon in Ordnung, wenn Steve ein paar Minuten mehr arbeiten würde, da empfindet Martin kein Bedauern. Inzwischen ist ihm aber bewusst, dass er einen wirklichen, spürbaren Gegenwert für diese Summe bekommen hat: Freizeit, gute Laune, Erfolg. Eben deshalb beschäftigt ihn die Frage, ob vielleicht gar nichts mehr fehlt, auch wenn er den sechsten Termin bisher nicht wahrgenommen hat. Manchmal überlegt er sogar, ob er nicht einfach klüger ist als andere und deswegen nur fünf Termine braucht. Den Gedanken hat er neulich abends Pitt erzählt, aber der hat nur schallend gelacht. Seither behält er diese Überlegung für sich.

Jedenfalls beobachtet Martin sich und seine Mitarbeiter bei der täglichen Zusammenarbeit sehr aufmerksam. Es ist ihm wichtig, zu prüfen, ob noch etwas in Bezug auf die Motivation nicht rundläuft. Insgesamt ist er außerordentlich zufrieden. Was sich vor einigen Wochen erst angedeutet hat, ist keine Ausnahme mehr, sondern die Regel: Wenn er heute einen Mitarbeiter nach der Lösung einer Aufgabe fragt, spielt dieser den Ball der Verantwortung nicht erst dreimal an ihn zurück, indem er sich hilflos oder verständnislos gibt. Wenn der Mitarbeiter die nötigen Kompetenzen besitzt, wendet er sie auch an. In der Hälfte aller Fälle muss Martin die Mutter aller Fragen gar nicht mehr formulieren – viele Mitarbeiter sprechen ganz von selbst darüber, was sie unternehmen wollen, um einen bestimmten Sachverhalt zu verbessern. Sie kommen zu ihm, um sich ihre Ideen absegnen zu lassen.

Es ist faszinierend: Martin spart eine Menge Zeit, weil er nicht mehr alles fünfmal erklären muss. Der Markt läuft zugleich besser als je zuvor, weil seine Mitarbeiter ihre Kompetenzen jetzt selbstbewusst einsetzen.

Angesichts dieser komfortablen Situation fragt er sich, was überhaupt noch fehlen könnte. Insgesamt war bei den rund vierzig Gesprächen, die er auf Basis dieser neuen Ideen geführt hatte, nur bei fünf oder sechs nichts Konstruktives herausgekommen. Er hatte sich danach überlegt, was in diesen Gesprächen anders gelaufen war, aber außer dem etwas vagen Gefühl, dass man aneinander vorbeigeredet hat, war ihm nichts aufgefallen.

In dieser Weise lässt er die vergangenen Wochen Revue passieren. Schließlich öffnet er das E-Mail-Programm und tippt:

> *»Lieber Steve, es klingt vielleicht komisch, wenn ich das so frage, aber haben Sie ein spezielles Thema, das Sie bei unserem letzten Termin besprechen würden? Es läuft eigentlich in fast allen Fällen prima, daher kann ich im Moment nicht sagen, ob und was noch fehlen würde. Vielleicht waren ja fünf Termine in meinem Fall genug? Ich hoffe, Sie verstehen, wie ich das meine, herzliche Grüße nach Bad Tölz, Martin.«*

Martin überlegt kurz, ob er nach Pitts Gelächter neulich die Frage mit den fünf Terminen drinlassen soll, sendet dann aber die

E-Mail so ab. Als er am Abend wieder in seinen Account schaut, liegt dort bereits die Antwort seines Coaches:

> *»Lieber Martin, das ist nicht komisch, das ist in Ordnung. Die großen Punkte haben wir, damit kommen Sie mit Sicherheit sehr weit. Ich gehe davon aus, dass Sie mittlerweile in vielen Situationen und mit vielen Mitarbeitern wirkungsvolle Gespräche führen, die unterstützend und nachhaltig sind. Gewiss ist jetzt allen Ihren Leuten klar, dass die Verantwortung dafür, die eigene Arbeit zuverlässig zu erledigen, bei ihnen selbst liegt.*
>
> *Es gibt nun einige wenige Situationen, in denen die Ideen, die wir bisher ausgetauscht haben, nicht ausreichen. Ich schätze, in vielleicht zehn bis zwanzig Prozent der typischen Gespräche tut sich nicht viel – wie sehen Sie das? Für solche Fälle habe ich eine weitere Idee, woran das liegen könnte. Sollten Sie in manchen Gesprächen das Gefühl haben, trotz der Ball-Geschichte im Nebel zu tappen, kann ich Ihnen dazu noch einen Tipp geben. Wenn das nicht so sein sollte, dann brauchen wir nicht unbedingt zu telefonieren, dann können Sie sich den letzten Termin für Notfälle aufheben. Wir machen es so, wie es Ihnen lieber ist. Herzlichen Gruß, Steve«*

Im Nebel zu tappen – das beschrieb genau das Gefühl, das er in den nicht so gelungenen Gesprächen hatte: am Mitarbeiter vorbeizureden. Zehn bis zwanzig Prozent der Fälle – auch diese Quote passte. Martin ist schon längst nicht mehr verärgert, wenn Steve Wilhelm in fast magischer Weise recht hat – heute ist er einfach nur beeindruckt davon. Da der Coach Martin ja nie persönlich kennen gelernt hat, ist die einzige logische Erklärung, dass sich offenbar viele Führungskräfte in einer ähnlichen Situation befinden – und dass sein Coach aufgrund seines großen Erfahrungsschatzes genau weiß, was bei ihm los ist.

Martin schreibt eine kurze E-Mail an Steve Wilhelm, in der er drei Termine vorschlägt.

Schritt eins vor Schritt zwei!

Zwei Tage später telefonieren die beiden Männer. Martin schildert dem Coach, wie seine Situation sich in den vergangenen Monaten entwickelt hat. »Das haben Sie wunderbar umgesetzt«, lobt der Coach, »Ihre Formulierungen, die Sie gerade zitiert haben, sind sehr wirkungsvoll – man könnte fast meinen, Sie hätten sich schon mit Hypnose beschäftigt. ›Manchmal dauert es ein paar Minuten, bis einem etwas Gutes einfällt, Frau Meier‹ oder ›Es ist in Ordnung, wenn Sie sich für die Antwort Zeit lassen, Herr Müller‹ – super! In der Hypnotherapie nennt man dieses Sprachmuster Implikation, denn während die Formulierung freundlich und offen klingt, ist die Botschaft implizit sonnenklar: Frau Meier oder Herr Müller, Sie sind in der Verantwortung!«

Martin strahlt über das fundierte Lob: »Ich fühle mich einfach pudelwohl in diesen Gesprächen, weil ich überhaupt nicht schimpfen oder drohen oder sonst irgendwie Druck aufbauen muss. Ich kann ganz lieb fragen, wie eine Mitarbeiterin etwas lösen möchte, denn die zentrale Botschaft kommt in freundlichem Ton noch besser an als im unfreundlichen: Sie ist für die Lösung zuständig.«

»Genau das wirkt so konstruktiv. Sie haben es gut beschrieben: Indem Sie Ihre Mitarbeiter aktiv einbeziehen, fühlen sich diese ernst genommen. Anstatt Druck entsteht Motivation. Sagt Ihnen eigentlich der Name McGregor etwas?«

»Selbstverständlich!«, antwortet Martin rasch und hält die Luft an.

»Wunderbar. Ich finde, an Ihrem Beispiel sieht man, wie recht dieser Mann hatte mit seiner X- und Y-Theorie! Martin, ich denke, dann können wir uns jetzt direkt auf Ihre letzte offene Frage konzentrieren. Sie stochern also manchmal ein wenig im Nebel, richtig? Nicht oft, aber gelegentlich?«

Martin stimmt zu: »Ja, ich denke danach immer, ich rede in solchen Gesprächen irgendwie am Mitarbeiter vorbei. Die Frage nach der Problemlösung versackt mehr oder weniger, ich kann das nicht richtig in Worte fassen. Sie scheinen das aber zu kennen?«

»Ich glaube schon«, antwortet der Coach. »Ich habe das schon so oft von Führungskräften der unterschiedlichsten Unternehmen und Hierarchiestufen gehört. Inzwischen habe ich dazu eine Theorie entwickelt, aus der sich direkt eine Lösung ableiten lässt. Ich würde Ihnen meine Theorie gerne kurz schildern, und Sie überprüfen, ob das für Ihre Situationen zutreffen könnte?« Martin freut sich über den entspannten Ton, den sein Coach heute hat. Mehr als zuvor hat er das Gefühl, dass er auf Augenhöhe mit ihm spricht. Das schmeichelt ihm auch ohne verbales Lob und spornt ihn an: »Natürlich, gerne!«

»Fein. Meine Annahme, basierend auf der Analyse sehr vieler Schilderungen ganz unterschiedlicher Themen, lautet: Immer dann, wenn dem Mitarbeiter nicht deutlich klar ist, dass er ein Problem hat und welches Problem er genau hat, kommt er bei der Frage, welche Lösung er sich überlegen möchte, ins Schwimmen. Er *will* vielleicht sogar die Frage gern richtig beantworten – aber er kann es nicht. So gesehen haben wir bisher immer bei Schritt zwei begonnen. Eigentlich kommt aber als erstes Schritt eins.«

»Logisch«, sagt Martin im Reflex. »Aber was Sie meinen, ist mir trotzdem nicht ganz klar.«

»Ich habe selbst lange gebraucht, um es in Worte zu fassen. Ich will Ihnen ein Beispiel erzählen. Ein Regionalleiter im Direktvertrieb, also im Haustürverkauf, hatte einen vielversprechenden jungen Verkäufer eingestellt. Er war engagiert, hatte sich das komplette Produktwissen in einer Woche angeeignet, marschierte auch bei Wind und Wetter von Haustür zu Haustür – aber sein Chef hatte den Eindruck, dass er im Umgang mit den Kunden recht schüchtern war. In einer Arbeitsbegleitung hatte er bemerkt, dass das Problem vor allem dann auftrat, wenn ein Doktortitel am Klingelschild zu lesen war. Der junge Mann konnte diesen Kunden kaum in die Augen schauen und hatte Schwierigkeiten, seine Sätze gut zu formulieren. Bei der Nachbesprechung einer solchen Situation hat der Regionalleiter den jungen Mann darum gebeten, eine Lösung für den Umgang mit schwierigen Kunden zu entwickeln. In diesem Gespräch war aber außer dem Gefühl, an seinem neuen Mitarbeiter vorbeizureden, nicht viel herausgekommen.«

Martin überlegt. »Ist das nicht ein Problem der Diagnostik? Ich denke gerade an die Frage, die Sie mir im ersten Gespräch gestellt hatten – geht es hier um das Wollen oder *kann* der junge Mann keine Selbstsicherheit entwickeln? Es klingt doch so, als sei er befangen gegenüber einem Akademiker. Das wäre dann ja kein Motivationsthema?«

»Das ist ein guter Hinweis, Martin. Ich glaube, in meinem Beispiel spielten tatsächlich beide Aspekte eine Rolle. Worauf ich hinaus möchte: In der Analyse erkannten wir, dass der Regionalleiter seinen neuen Mitarbeiter nicht kränken wollte. Deshalb hatte er diese Angst vor Akademikern und die konkrete Beobachtung des Wegschauens und Stotterns bei Menschen mit Doktortiteln nicht präzise formuliert, sondern nur allgemein gefragt, was der junge Mann in Bezug auf den Umgang mit Kunden noch verändern wollte. Das war zu ungenau, der Mitarbeiter wusste nicht, was sein Chef wirklich meinte. Daher konnte er auch keine konkreten Problemlösungen entwickeln. Und schon war der Nebel da, den auch Sie angesprochen hatten.«

»Okay, lassen Sie mich nachdenken – in einem der Gespräche, die nicht so gut funktionierten, habe ich meinen Leiter der Obstabteilung gefragt, wie er seine Zahlen verbessern könnte.

Er hat erst mal nicht genau gewusst, was ich meine, und alles Mögliche geantwortet. Erst als ich konkreter wurde und ihm sagte, dass seine *Abschriften* zu hoch seien, konnte er dann auch seinerseits nach konkreten Lösungen suchen. Hier hatte ich zunächst dieses Nebelgefühl, und erst als ich klarer wurde, ermöglichte das klare Lösungswege. Meinen Sie so etwas?«

»Ganz genau, Martin, Sie haben es auf den Punkt gebracht. Wenn Schritt drei nicht funktioniert, ist das ein Zeichen, dass wir bei Schritt zwei oder Schritt eins nicht gut waren.«

»Schritt drei? Heute sprechen Sie echt in Rätseln!«

Steve lacht: »Sie haben recht. Vielleicht liegt das daran, dass dieser Aspekt für mich das letzte Steinchen im Mosaik war: Darüber bin ich mir erst in den vergangenen Jahren so richtig klar geworden. Trotzdem: Überlegen Sie mal, was waren bisher unsere wichtigen Ziele?«

»Den Sinn herauszuarbeiten und die Lösung zu erfragen – oder was meinen Sie?«

»Sehen Sie!« Steve Wilhelm schweigt vielsagend und Martin merkt, wie die Pausentechnik wirkt, selbst wenn er sie durchschaut. Er zögert und denkt dann laut: »Meinen Sie das mit Schritt zwei und drei? Dass wir erst den Nutzen klären, dann die Lösung angehen? Und Schritt eins wäre demnach ...«

Dieses Mal hilft der Coach: »Schritt eins ist, dass den Mitarbeitern erst mal klar sein muss, welches Problem genau gemeint ist, bevor sie eine Lösung suchen können. Das geht uns selbst doch auch so: Wenn wir nicht wissen, worauf der andere hinaus will, können wir nur im Nebel tappen.« Martin stimmt zu und Steve Wilhelm fährt fort: »Darüber hinaus gibt es auch Leute, denen ist gar nicht bewusst, dass etwas besser sein könnte als im Moment. Überlegen Sie mal: Wenn wir denken, alles ist bestens, wissen wir gar nicht, was der andere meint, wenn er fragt, wie wir die Situation verbessern würden.«

Martin denkt nach. »Das ist einerseits total logisch, aber andererseits auch schwer zu greifen, finde ich. Also, in einem Gespräch ist es schwer zu greifen. Zu merken, dass dem anderen eine Information fehlt, die für uns selbst sonnenklar ist, das finde ich nicht leicht.«

»Ja«, sagt der Coach, »das liegt daran, dass es nicht leicht ist, sich in die Welt einer anderen Person hineinzuversetzen. Wir gehen von unserer eigenen Welt aus und übersetzen nicht immer deutlich genug hin und zurück. Der Regionalleiter konnte aufgrund seiner umfangreichen Erfahrung gut sehen, wie unsicher der junge Mann mit vielen Kunden umging. Für ihn war das so deutlich, dass er annahm, auch der andere wüsste ganz automatisch, wovon er sprach. Dabei war dem Mitarbeiter das noch lange nicht klar – er hatte für seine eigene Verlegenheit einen blinden Fleck.«

»So wie mir in der Obstabteilung klar war, welche Zahlen ich meinte, während der Abteilungsleiter wahrscheinlich den Kopf über mich schüttelte, weil aus seiner Sicht über neunzig Prozent seiner Zahlen gut waren. Das ist wirklich ein wichtiger Punkt – also muss ich den Leuten immer im ersten Schritt sagen, welches Problem sie haben, damit sie dann auch motiviert sind, es zu lösen!«

»Martin – Vorsicht! *Sie* müssen es den Mitarbeitern sagen?« Steve Wilhelm räuspert sich vielsagend.

»Gerade haben Sie doch selbst gesagt, viele wissen sonst gar nicht, wo ihr Problem liegt!«

»Das stimmt, aber trotzdem lautet die Schlussfolgerung nicht, dass *wir* dann den Leuten erklären, wo sie ein Problem haben. Erstens machen sich Menschen, die das tun, nicht gerade beliebt – und zweitens: Denken Sie doch bitte mal an den ausgesprochenen Nutzen!«

»Wenn ich dem Mitarbeiter nicht erkläre, wo sein Problem liegt, und er es auch selbst nicht weiß – wer soll es ihm denn sonst erklären? Und was hat das mit dem ausgesprochenen Nutzen zu tun?«

»Genau das ist die Frage, Martin. *Sie* erklären es nicht, es sind nur zwei Menschen im Raum — wer erklärt es also, und was hat das mit dem ausgesprochenen Nutzen zu tun?«

Der Coach lacht fröhlich und bei Martin fällt der Groschen: »Okay, klar, ich verstehe ... der Mitarbeiter soll sein Problem selbst benennen – aber werden wir da nicht zu umständlich? Ich kann doch nicht wegen jedem Murks einen zehnminütigen Dialog mit dem Mitarbeiter führen!«

»Natürlich nicht wegen Kleinigkeiten. Sie können Frau Lehmann weiterhin im Vorbeigehen auf die Bananenschale aufmerksam machen, die auf dem Boden liegt. Aber wenn es in Frau Lehmanns Abteilung jeden Tag schmuddelig aussieht und Sie ihr nicht täglich sagen möchten, was sie aufheben soll, dann lohnt sich ein längeres Gespräch, oder?«

»Kann ich ihr nicht einfach sagen, was verkehrt ist?«

»In einem ganz speziellen Einzelfall müssen Sie das sogar, Martin. Denken Sie mal an Ihren Abteilungsleiter und seine schlechten Abschriften. Überlegen Sie mal, ob das Gespräch unterschiedlich verlaufen könnte, je nachdem, wer das Problem benennt.«

»Lassen Sie mich überlegen: ›Herr Dinger, Ihre Abschriften sind zu hoch‹ – stimmt schon, wenn ich es so sage, geht er möglicherweise in eine Verteidigungshaltung. Wenn *er* aber sagt: ›Herr Dampf, meine Abschriften sind zu hoch‹, dann hat er den halben Weg schon genommen. Zumal ich in dem Fall Schritt zwei weglassen kann. Denn dass es sinnvoll ist, die Abschriften niedrig zu halten, weiß jeder im Handel. Also sollte ich auch bei der Problemschilderung darauf achten, dass es vom Mitarbeiter formuliert wird und nicht von mir selbst?«

»Genau. Übrigens gibt es noch einen weiteren großen Vorteil für beide, wenn der Mitarbeiter Farbe bekennt und sein Problem selbst benennt. Ich bin sicher, Sie werden es merken, sobald Sie das Problem nicht mehr erklären, sondern auch diesen Teil des Dialogs durch Fragen führen.«

Martin merkt, dass sein Coach das Ende des Gesprächs ansteuert, und er reagiert fast panisch: War es das? Ist er ab jetzt auf sich gestellt? Welche Fragen sind noch offen? »Warten Sie, Steve«, wirft er hastig ein, »ich glaube, einige Punkte sind noch offen! Was haben Sie denn vorhin gemeint, als Sie sagten, in einem sehr speziellen Einzelfall müsste ich unbedingt selbst sagen, was schief läuft? Das klingt doch nach einem direkten Widerspruch zu dem, was wir gerade besprochen haben?«

»Es gibt manchmal Mitarbeiter, die nützen es aus, wenn man freundlich und sanft durch Fragen führt. Für solche Mitarbeiter, die sich bei sanften Fragen dumm stellen, brauchen Sie einen Plan B. Dann müssen Sie Position beziehen. Am besten in Form von Ich-Botschaften: Sie sagen klar und deutlich, was Sie denken, und bauen keine weiteren Brücken. Das ist mein letzter Tipp für heute.«

Martin versteht nur halb, ist aber auch durch das nahende Gesprächsende abgelenkt: »Danke schön, Steve! Und – wie geht es weiter? Muss ich direkt bezahlen? Schreiben Sie eine Rechnung? Was ist, wenn ich noch Fragen habe?«

»Hoppla, Martin, wie viele Fragen waren denn das?« Steve Wilhelm lacht. »Sie müssen ja nur bezahlen, wenn Sie zufrieden waren mit unseren Gesprächen. In diesem Fall schreibe ich eine Rechnung. Wenn Sie einverstanden sind, schreibe ich die Rechnung aber nicht sofort, sondern in etwa zwei Monaten. In dem Coachingpaket, das Sie in Anspruch genommen haben, sind die sechs Termine enthalten, die wir nun durchgeführt haben. Dazu kommt noch ein kostenfreies Nachgespräch, das je nach Typ in unterschiedlich großem zeitlichen Abstand erfolgt. In diesem Nachgespräch klären wir, inwiefern Sie zufrieden waren und sind: Erst wenn der Effekt des Coachings anhält und wenn Sie keine Fragen mehr haben, werde ich die Rechnung stellen. Und wenn Sie in zwei oder drei Jahren irgendeine Frage zu unserem kleinen Dialogsystem ›Wer hat den Ball?‹ haben sollten, dann können Sie mich selbstverständlich immer anrufen. Wenn ich die Frage beantworten kann, werde ich das tun – und bestimmt werde ich nicht gleich eine Rechnung schreiben. Es wird mir eine Freude sein, von Ihnen zu hören. Habe ich alle Fragen beantwortet?«

»Für heute schon, ja. Und das mit dem Nachgespräch, das finde ich gut und fair. Und, Steve: Danke für alles!«

»Sehr gern – lassen Sie uns einfach in zwei Monaten per E-Mail einen Termin für das Nachgespräch abstimmen.«

Nachdem sich die beiden verabschiedet haben, holt Martin rasch seinen Block und notiert auf einem neuen Blatt, was er heute erarbeitet hat:

- Wer kein Problem hat, weiß auch nicht, wo er nach einer Lösung suchen soll.
- Man muss deshalb sicherstellen, dass dem Mitarbeiter das Problem, welches man gelöst haben möchte, wirklich klar ist.
- Wenn man es an dieser Stelle erreicht, dass der Mitarbeiter das Problem selbst formuliert, ist das wirkungsvoller, denn ...
    - ... wenn die Führungskraft mit dem Problem konfrontiert, kann es wie ein Angriff wirken, und man verliert Zeit damit, dass der Mitarbeiter sich im Reflex verteidigt.
    - ... wenn der Mitarbeiter das Problem dagegen selbst benennt, fällt die Verteidigung weg, weil er keinen Angriff erlebt.

Martin kaut gedankenverloren an seinem Bleistift. Da war doch noch ein Punkt offen? Steve Wilhelm hat gesagt, es hätte noch einen weiteren, tollen Nutzen, den er, Martin, sofort erkennen würde, wenn er die Mitarbeiter selbst auf das jeweilige Problem kommen lassen würde. Er versucht, sich den Dialog vorzustellen: »Herr Dinger, ich würde gerne mit Ihnen über Ihre Zahlen reden.« So hatte er es neulich formuliert. Okay, das ist zu unscharf. »Insbesondere möchte ich mit Ihnen über Ihre Abschriften reden.« Das ist präziser, aber jetzt darf ich nicht sagen, dass die zu hoch sind. Dinger arbeitet seit vier Jahren in der Abteilung, das weiß der natürlich selbst. Also, Brücke bauen: »Was meinen Sie denn selbst dazu, lieber Herr Dinger?« Genau, dann muss der Kollege Farbe bekennen: »Die sind viel zu hoch, Herr Dampf, das weiß ich selbst!«

Martin strahlt und nimmt den Bleistift aus dem Mund. Rasch notiert er einen weiteren Gedanken auf seinem Block:

- Außerdem hat man in diesem Fall die Möglichkeit, zu loben, obwohl etwas noch nicht gut läuft: Immerhin hat der Mitarbeiter gerade eine wichtige Selbsterkenntnis entwickelt und ein Problemfeld offen eingestanden; auch für dieses Verhalten sollte er Lob (Leckerli!) bekommen, denn auch dieses Verhalten möchte man gerne häufig sehen!

Später am Abend geht Martin noch einmal zu seinem Schreibtisch, nimmt ein neues Blatt und malt drei Kästen und zwei Pfeile auf. Er schaut sie lange an, nickt dann zufrieden und denkt: So einfach kann man es zusammenfassen!

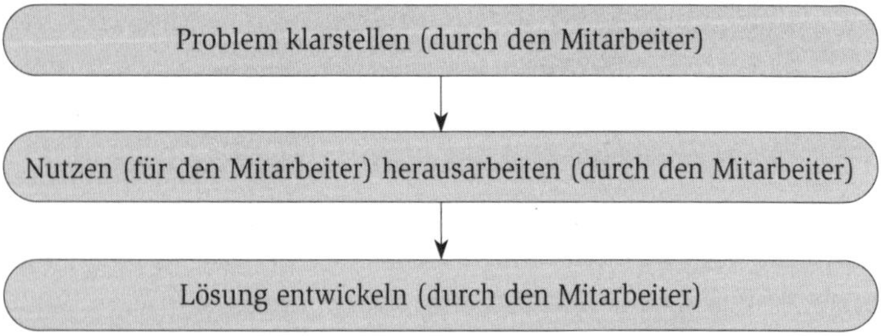

Brücken zum Problem

»Wie der Typ immer genau weiß, vor welcher Hürde du gerade stehst!«, sagt Pitt abends nach dem Training, nachdem er Martins Schilderungen gehört hat.

»Ja, aber das ist keine Hexerei. Es zeigt deutlich, dass ich nicht die einzige Führungskraft bin, die sich an diesen Stellen verheddert.«

»Stimmt. Man könnte sagen, es trifft immer die Guten, oder?«

Martin ist zum Scherzen aufgelegt: »Ich bin gut, und zwar durch und durch, das weißt du ja, aber was genau meinst du in diesem speziellen Fall?«

Pitt lacht und erklärt, was er meint: »Genau, durch und durch. Du bist gut, weil du deinen Leuten gerne hilfst und weil du sie unterstützt – Papa Martin, Ritter Dampf! Weil du so hilfsbereit warst, hast du auf jeden Kulleraugenblick, auf jedes hilfesuchende Seufzen sofort mit einer Lösungslawine reagiert und in dieser Weise deine Mitarbeiter entlastet. Und mit Menschen ist es wie mit Muskeln — wenn man sie entlastet, werden sie schlaff.«

»Jaja, das Thema hatten wir schon. Aber ich habe es geändert, richtig?!«

»Da erkläre ich dir liebevoll, wie gut du bist, und du willst es nicht dreimal hören?«, spottet Pitt weiter.

»Dein Mutter-Teresa-Softdrink hat eben einen vergiftet-verspottenden Beigeschmack!«, lacht Martin. »Lass uns doch lieber mal überlegen, wie wir auch für das Thema Problemdefinition ähnliche Standardsituationen finden können, wie wir sie schon für die Lösungssuche entwickelt haben.«

Die beiden Freunde bestellen sich eine Apfelschorle und ein Weizenbier. Dann versuchen sie, sich den Einstieg in ein entsprechendes Gespräch vorzustellen. Man soll auf ein existierendes Problem zu sprechen kommen, das dem Mitarbeiter bewusst ist: Denn der Ansatz ist ja für die zwar kompetenten, aber nicht engagierten Mitarbeiter gedacht. Wie steigt man ein, und was könnten mögliche Antworten sein? Einige Minuten sind beide still. Dann fängt Martin an: »Herr Krüger, ich würde gerne mit Ihnen über Ihre Regale reden. Finden Sie die so in Ordnung, wie sie sind?« – »Wenn ich mitreden soll, dann musst du mir schon erst erklären, was mit den Regalen von Herrn Krüger *nicht* in Ordnung ist«, wirft Pitt ein.

»Krüger hat inzwischen eine ganz ordentliche Abteilung, das Wälzen der Ware klappt gut. Was er schleifen lässt, ist das Thema Vorstecker. Du kaufst ja auch manchmal bei uns ein – für die Sonderangebote bringen wir vorne an den Regalen große Sterne an. Oder für die Bioware-Stecker mit einem Biozeichen, und so weiter. Die Leute finden dann schneller, was sie suchen.«

»Also, ich finde da gar nix, ich glaube, ihr habt zehn verschiedene solche Stecker. Wenn vor jeder Tüte Milch ein anderes Zeichen klebt, hilft mir das als Kunde überhaupt nicht!«

»Darüber will ich jetzt wirklich nicht mit dir diskutieren«, schimpft Martin, »und außerdem ist das die Unternehmenspolitik, klar?«

»Also findest du es auch zu viel!« Pitt grinst triumphierend.

»Herr Krüger! Jetzt, da Ihnen klar ist, was Vorstecker sind, will ich also mit Ihnen über Ihre Regale sprechen!«, nimmt Martin den Faden wieder auf.

»Meine Regale, Herr Dampf? Die Ware wälze ich doch astrein, genau wie Sie es angeordnet haben, was meinen Sie denn?«, sagt Pitt mit gespielter Piepsstimme.

»Das habe ich doch nicht angeordnet! Und so unterwürfig ist der Krüger nicht – gerade machst du mich rasend, Pitt!«

»Okay, noch mal. Meine Regale, Herr Dampf, die sind doch prima, alles schön gewälzt«, bleibt Pitt jetzt ernst.

»Aber die Hälfte der Vorstecker fehlt regelmäßig!«

»Nein, Martin! Du sagst ›aber‹, du übertreibst – das geht schon wieder in Richtung klarer Vorwurf, finde ich. Und außerdem wäre es sehr direkt, die Problembenennung würde wieder von dir kommen und nicht von Herrn Krüger! Vielleicht baust du besser eine Schleife ein?«

»Krüger ist nicht aus Zucker, der ist alt und zäh und knochig!« Martin bestellt sich jetzt auch eine Apfelschorle wie Pitt, weil er sich müde fühlt. Es fällt ihm schwer, sich einen Dialog vorzustellen, wo er bisher das Problem klar benannt hatte.

»Man merkt, wie gut du den leiden kannst«, spottet Pitt.

»Ich könnte sagen, dass das schon klasse ist mit dem Warewälzen, dass es aber noch etwas anderes gibt, was er nicht gut macht!«

»Etwas anderes, das er nicht gut macht – da hat er sicher riesige Lust, sich Gedanken zu machen! Vielleicht besser etwas, was er *noch* nicht gut macht ...«

Martin stöhnt: »Wenn ich nicht gerade einen Zwölf-Stunden-Tag hinter mir und ein Weizenbier in mir hätte! Also, von mir aus: Ich sage, es sei jetzt Klasse mit dem Wälzen, und deshalb möchte ich heute über etwas anderes reden, was er noch verbessern kann, okay?«

»So klingt es besser: Er ist gut, und er kann noch besser werden. So kenne ich dich, ich wusste, dass du das kannst.«

»Und was sagt Krüger jetzt?«

»Na, der fragt dich, was du denn meinst«, grinst Pitt.

»*Ich meine die blöden Vorstecker!*«, sagt Martin laut und gereizt, und beide müssen lachen. Pitt konzentriert sich als Erster wieder: »Im Prinzip können jetzt zwei Dinge passieren: Krüger gesteht ein, dass die Vorstecker nicht immer alle stimmig sind. Dann hast du ihn. Oder er spielt es herunter, dann brauchst du noch eine Runde.«

»Im ersten Fall kann ich ihn noch nach dem Sinn der Vorstecker fragen oder gleich zu Schritt drei gehen und die Mutter aller Fragen abschießen: Wie er das in Zukunft hinbekommt. Aber im zweiten Fall –« Martin stockt.

»Dann musst du Klartext reden und das Problem konkret benennen, finde ich.«

»Gut. Wenn er das dann zugesteht, kommt an der Stelle dann Schritt drei, die Lösungsfrage. Und wenn er antwortet, die Vorstecker seien doch meistens in Ordnung?«

Pitt überlegt jetzt aus Sicht der Führungskraft: »Dann brauchst du die Daumenschrauben, um ein Geständnis aus ihm herauszupressen!«

»Was hast du denn getrunken?« Martin nimmt verblüfft Pitts leeres Glas in die Hand.

Pitt grinst: »Ich dachte, weil du den Krüger sowieso gefressen hast, biete ich dir die passenden Sprachbilder. Wir können auch sagen, du musst ihn ein klein wenig mehr in die Enge treiben, ihm weniger Spielraum für Ausflüchte lassen – bei deiner süßen Frau Rösch wären das vermutlich die passenden Bilder? Du hast mir übrigens noch immer kein Foto von der gezeigt!«

Martin winkt ab, dann sagt er: »Ich könnte ihn einfach beim Wort nehmen, dabei aber ein wenig zweifelnd nachfragen: Die Vorstecker sind in Ordnung? Meinen Sie das ernst?«

»Oder du spielst den Schlaumeier, wenn er sagt, sie sind relativ okay: Erst lobst du ihn dafür, dass er so selbstkritisch ist, und fragst dann, was es denn bräuchte, damit sie *vollständig* okay wären.«

»Du meinst, ich soll bei ›relativ okay‹ nicht auf das ›okay‹ hören, sondern auf das ›relativ‹ und mich daran orientieren?«

»Ja, das wäre ein Weg; dann könntest du auch da wieder loben, oder?«

»Wie würde das also ablaufen?«, fragt Martin, aber Pitt schaut ihn nur aufmunternd an. Martin holt Luft und setzt an: »Herr Krüger, heute wollte ich mit Ihnen über Ihre Regale reden. Sie wälzen ja inzwischen vorbildlich, das freut mich sehr. Können Sie sich ein anderes Thema vorstellen, bei dem Sie noch etwas verbessern könnten?«

Pitt hebt als Pitt den Daumen und stellt sich als Krüger zunächst dumm: »Ich finde sie gut, wie sie jetzt sind.«

Martin nickt und konkretisiert: »Sie sind ja auch nicht schlecht, aber man könnte noch etwas verbessern. Nur eine Kleinigkeit.«

»Meinen Sie etwa – die Vorstecker?« Pitt muss kichern, weil sie die Stelle so lange geübt hatten.

»Ausgezeichnet, Krüger! Ein guter Mann kennt nicht nur seine Stärken, sondern auch seine Schwächen! Was könnten Sie also tun, damit Sie auch die Vorstecker so positionieren, wie es vorgesehen ist?«

Martin ist zufrieden. Er hat die Lösungsfrage gestellt, nachdem »Krüger« zugestanden hat, dass die Vorstecker eine Schwachstelle darstellen könnten.

»Schleimer! Du kannst den doch gar nicht leiden!«, sagt Pitt.

»Im Prinzip kann man ab dem Moment, in dem der Mitarbeiter durch irgendeine Formulierung zu erkennen gibt, dass er im Bereich X noch Schwächen hat, ihn für dieses Zugeständnis loben und zur Lösungsfrage überleiten«, fasst er zusammen. »Oder aber zur Frage nach dem Sinn, wenn man denkt, der andere hat das nicht sowieso schon klar. Außerdem habe ich nie gesagt, dass ich den nicht leiden kann.«

»Nö«, lacht Pitt. »Gesagt hast du das nie.«

An diesem Abend ist Martin zu müde, um seine Notizen zu ergänzen. Aber am nächsten Morgen notiert er auf seinem Block:

- Wenn ich möchte, dass der Mitarbeiter sein Problem benennt, muss ich ihn vorsichtig dorthin führen:
  - Erst frage ich allgemein,
  - wenn keine klare Reaktion kommt, werde ich konkreter und baue eine Brücke.
- Wenn der Mitarbeiter sagt, alles wäre in Ordnung, sollte ich das vorsichtig infrage stellen.
  - Ich kann die Aussage »Alles ist in Ordnung« durch meinen Tonfall anzweifeln.
  - Ich kann die Aussage übertreiben: »Alles ist perfekt? Wirklich alles? Zu hundert Prozent perfekt?«
- Sobald der Mitarbeiter einlenkt, kann ich ...
  - ... ihn für seine Offenheit loben,
  - ... nachfragen, was genau nicht perfekt ist, damit er es selbst deutlich ausspricht – und dann
  - ... zum nächsten Schritt überleiten, indem ich Lösungsideen erbitte oder zunächst noch den Sinn der Angelegenheit mit ihm herausarbeite.

Plan B

Einige Monate sind vergangen. Martin Dampfs Geschäft hat sich glänzend entwickelt: Vom Verkaufsleiter bekommt sein Haus Bestnoten, zugleich sind die Mitarbeiter guter Laune und meistens sehr motiviert. Auch Martin ist daher bester Laune. Er führt weiterhin Gespräche mit seinen Mitarbeitern, benötigt dafür jedoch insgesamt weniger Zeit, und die Gespräche verlaufen in sehr positiver Atmosphäre.

Am häufigsten finden Gespräche inzwischen dann statt, wenn Martin neuen Mitarbeitern Erläuterungen gibt, damit sie wissen, was sie aus welchen Gründen tun sollen. Martin hat sich angewöhnt, zum Schluss dieser Gespräche nicht mehr selbst zusammenzufassen, was besprochen wurde, sondern die Mitarbeiter darum zu bitten. Auf diese Idee ist er stolz, denn nach seiner Einschätzung dient diese Veränderung zum einen der Lernkontrolle: Hat der andere wirklich verstanden, was er ihm erklären wollte? Außerdem bewirkt er so bereits bei der ersten Behandlung eines neuen Themas eine größere Verbindlichkeit: Indem der Mitarbeiter selbst sagt, was er tun soll und weshalb er es tun soll, setzt Martin schon früh die Technik des Verantwortung-übernehmen-Lassens ein.

Eine zweite Gesprächskategorie basiert auf einer Idee von Pitt, die Martin gelegentlich in die Tat umsetzt: Er ruft dann einen Mitarbeiter zu sich ins Büro, nur um diesen für eine Sache mit präzisen und freundlichen Worten zu loben. Das dauert kaum eine Minute, doch es hat eine enorme Wirkung auf die Person: Zum einen freut sich jeder, wenn er ein qualifiziertes, konkretes Lob erhält. Es zeigt, dass der Chef genau hinschaut und sich nicht nur auf Negatives konzentriert. Zum anderen hat Martin das Gefühl, sich durch das ausdrückliche Loben in gewisser Weise auch in Bezug auf gelegentliches Kritisieren besser zu positionieren: Wer das Lob des Chefs akzeptiert, wird automatisch auch dessen Kritik ernster nehmen, so ist sein Eindruck. Naturgemäß ist die Stimmung auch bei diesen »Lobgesprächen« sehr positiv.

Schließlich gibt es neben dem Erläutern und Anweisen sowie dem Loben noch einen dritten Anlass für Mitarbeitergespräche: Auch heute noch kommt es vor, dass jemand eine Aufgabe, für die er verantwortlich ist und die er einige Zeit gut erledigt hat, schleifen lässt. In diesen Fällen geht Martin in den entsprechenden Gesprächen genau nach den Grundsätzen von Steve Wilhelms Methodik vor: Er erarbeitet nacheinander das Problem, den Sinn der Aufgabe und dann die Lösung jeweils so, dass die wichtigen Dinge vom Mitarbeiter ausgesprochen werden. Diese Gespräche sind im Verlauf der vergangenen Monate seltener geworden. Martin akzeptiert, dass er manchmal noch solche Dialoge führt, zumal er sich in seiner Rolle als »Geburtshelfer« für die Ideen seiner Mitarbeiter ausgesprochen wohlfühlt. Er hat Übung und Routine, den Ball sinnbildlich immer wieder über das Netz zum Mitarbeiter zu spielen, und genießt es, weil er spürt, dass er das Richtige tut. Es kommt fast nicht mehr vor, dass er zu einem Thema einen Mitarbeiter wieder und wieder herbeirufen muss, meistens genügt ein intensiver Austausch in der geschilderten Art und Weise.

Sogar in diesen Gesprächen, die ja prinzipiell eher kritische Themen zum Inhalt haben, ist die Atmosphäre positiv. Martin führt das darauf zurück, dass die Art des Dialogs mehr auf Augenhöhe stattfindet und er nicht mehr in der Rolle des Oberlehrers agiert. Er findet es immer wieder aufs Neue faszinierend, dass er selbst problematische Mitarbeiter in solchen Gesprächen mehrfach loben kann – immer dann, wenn sie das Problem sehen (für die Fähigkeit zur Selbstkritik), wenn sie danach den Nutzen beschreiben (für die Klugheit) und wenn sie eine gute Lösung finden (für die Qualität der Lösungsidee).

Martin Dampf hat eine weitere, bemerkenswerte Veränderung festgestellt, die ihm große Freude bereitet: Während in den ersten Gesprächen nach Steves Methode die Mitarbeiter immer wieder den Ball der Verantwortung zu ihm zurückspielten, ist diese Reaktion in der letzten Zeit beinahe verschwunden. Martin hat den Eindruck, dass die Mitarbeiter akzeptiert haben, dass sie selbst für die Lösung bestimmter Probleme verantwortlich sind. Während sie sich früher hinter ihrer Hilflosigkeit und großen Kulleraugen versteckten, haben sie heute verstanden, dass sie selbst denken müssen. Er mutet ihnen das gerne und mit guten Gründen zu. Martin hat inzwischen sogar mehrmals erlebt, dass ein Mitarbeiter von sich aus Lösungsvorschläge für ein Problem vorbrachte – noch bevor Martin überhaupt die Mutter aller Fragen stellen konnte.

»Mitarbeiter mit Alzheimer« oder »Mitarbeiter, die das Denken verlernt haben« – diese Probleme liegen weit hinter ihm. Eigentlich. Manchmal erinnert sich Martin an den coolen Spruch »Selbst schuld – was für ein Glück!«, den er zunächst überhaupt nicht mochte. Aus der heutigen Sicht muss er zugeben, dass er stimmt: Hatte er doch selbst durch sein immer wieder neu Erklären die Leute passiv gehalten und ihnen das Denken abgewöhnt. Also war er schuld – doch darin lag tatsächlich ein Glück, denn er musste nicht die Mitarbeiter ändern – er musste lediglich sich selbst ändern.

Dumm stellen hilft?

Fast könnte man denken, Martin hätte wirklich alles im Griff ... wäre nicht Frau Lehmann aus der Obstabteilung vor einigen Wochen in Mutterschutz gegangen, und wäre da nicht für Frau

Lehmann aus einem Nachbarmarkt Tobias Scherer bei Martin eingetroffen. Herr Scherer, der ständig davon spricht, dass er einmal studiert habe. Herr Scherer, der jedem erklärt, wie dieser seine Arbeit besser machen könne. Herr Scherer, dessen liebste Formulierung »rational betrachtet« lautet, was nach Martins Ansicht eine nur schlechte Tarnung darstellt für: Ich, der ich alles weiß und der ich klüger bin als alle anderen, erkläre gönnerhaft dem Fußvolk die Welt. Martin jammert schon nach einer Woche zu Hause beim Abendessen über seinen neuen Mitarbeiter. Hannah hört ein paar Minuten zu, dann meint sie: »Schwere narzisstische Störung. Solche Leute sind unbelehrbar, mit dem wirst du Spaß haben!«

Martin ist stolz, dass er bei Gesprächen mit Herrn Scherer bisher die Frage unterdrücken konnte, weshalb es ein solches Genie nur bis zur Leitung der Obstabteilung gebracht habe. Hannah rät ihm, das ständige Getöse persönlicher Größe und Wichtigkeit einfach als Zeichen massiver Minderwertigkeitsgefühle zu deuten. Seither grinst Martin bei dem Getue belustigt in sich hinein. Trotzdem zählt er die Monate, bis seine gute Frau Lehmann wieder zurückkommt.

Einige Tage später wird ihm klar, dass eine Konfrontation mit Herrn Scherer unvermeidbar ist: Zum wiederholten Mal sieht die Obstabteilung in Hinblick auf Ordnung und Sauberkeit miserabel aus. Bisher hatte er im Vorbeigehen auf einzelne Salatblätter oder zertretene Trauben am Boden gedeutet und darum gebeten, diese aufzuräumen. Aber das Problem der Sauberkeit zeigt sich immer deutlicher als ein grundsätzliches Thema.

Scherer arbeitet im Nachbarmarkt schon seit 15 Jahren in der Obstabteilung. Er weiß also genau, was das Unternehmen erwartet. Wenn es in seinem Verantwortungsbereich ständig aussieht wie bei Hempels, kann das also nicht an fehlender Kompetenz liegen, sondern nur an fehlendem Engagement. Das macht sich Martin in Ruhe klar. Mal sehen, wie gut ein verhinderter Nobelpreisträger den Ball übers Netz spielt, denkt sich Martin, als er Scherer zu einem Gespräch in sein Büro bittet.

Als Scherer eintrifft, eröffnet Martin das Gespräch mit einer Frage: »Herr Scherer, jetzt sind Sie ja seit bald zwei Wochen bei uns und vertreten dankenswerterweise Frau Lehmann. Was sind denn Ihre Eindrücke: Was läuft gut, und wo kann man noch Dinge verbessern?«

Scherer lehnt sich in seinem Stuhl zurück, seine Augen leuchten: »Gut, dass Sie mich das fragen, Herr Dampf. Natürlich habe ich Ihren Markt gleich in den ersten Tagen gründlich analysiert und bin gerne bereit, Ihnen etwas Hilfestellung zu bieten.«

Martin schnappt nach Luft und unterbricht rasch: »Herr Scherer, über den Markt können wir gerne ein anderes Mal sprechen, heute interessiert mich vor allem *Ihr* Bereich – die Obstabteilung. Welche Stärken und Schwächen sehen Sie dort?«

Scherer bleibt weiterhin in der Haltung eines Unternehmensberaters: »Aber gerne, Herr Dampf. Wie ich auch schon in meinem eigenen Markt dem dortigen Hausleiter zu erklären versuche, bräuchten wir im Unternehmen dringend ein besseres Beleuchtungskonzept, gerade für die Obstabteilung. Wenn Sie sich die neuesten Ladenbausysteme der Wettbewerber anschauen, da hinken wir doch dramatisch hinter dem State of the Art her, den man heutzutage erwarten sollte. Wenn es mein Unternehmen wäre, ich würde –«

»Nun ist es ja nicht Ihr Unternehmen, Herr Scherer«, Martin blinzelt fasziniert und nimmt sich vor, Hannah gleich heute Abend zu fragen, was narzisstische Störung genau bedeutet. Dann versucht er, das Thema zu konkretisieren: »Immerhin ist es, für einige Monate, Ihre Obstabteilung. Und auch wenn Sie nicht einfach hergehen können und neue Lampen besorgen, so gibt es doch andere Dinge, die viel rascher und ganz ohne Kosten helfen würden, dass der optische Eindruck besser wäre als im Moment. Wissen Sie, was ich damit meine?«

»Nun, wir könnten auch grundsätzlich die ganze Abteilung neu aufbauen, damit der Anblick für den Kunden –«

»Herr Scherer, gehen wir doch einmal von den Gegenständen, den Lampen, den Paletten, dem Kundenlauf weg, hin zu den Menschen. Sie führen jetzt seit zwei Wochen diese Abteilung, sind täglich acht Stunden vor Ort, haben vier Mitarbeiterinnen, die Ihnen helfen – was, denken Sie, könnten *Sie persönlich* noch verbessern?«

»Ich persönlich? Ich finde, ich mache meine Aufgabe gut.« Scherer hebt eine Augenbraue.

»Ja, in Ordnung, nennen wir es einmal ›gut‹ – und haben Sie eine Idee, was Sie tun könnten, damit man es *sehr gut* nennen könnte?«

Scherer verschränkt die Arme über dem beachtlichen Bauch und blickt den Hausleiter stirnrunzelnd an: »Ich wollte nicht so protzen, deshalb habe ich ganz bescheiden gut gesagt, aber gemeint habe ich damit, dass alles so ist, wie es sein sollte.«

Martin stöhnt innerlich und ruft sich in Erinnerung, wie er mit Pitt geübt hat, den Ball zurückzuspielen: »Sie finden also, dass alles perfekt ist? Sie finden, dass man in Ihrer Abteilung nichts mehr verbessern könnte?« – »Allerdings« Scherer schaut seinen Chef gelassen an. »Denken Sie einmal an die Salatblätter auf dem Fußboden gestern Abend und an die zertretenen Trauben heute Vormittag.«

»Das passiert eben, wenn man Kunden hat, die machen nun mal ein gewisses Maß an Schmutz – Sie wünschen sich doch nicht etwa, dass wir die Abteilung sperren und ein Obstmuseum einrichten, in dem nichts angefasst werden darf?«

Der Tonfall des Mitarbeiters klingt herablassend und belehrend. Martin spürt, wie er ärgerlich wird – und dass der Ball schon wieder zu ihm unterwegs ist. Er spielt ihn erneut zu seinem Mitarbeiter: »Herr Scherer – soll das heißen, dass es niemand auf diesem Planeten gibt, der angesichts der vorhandenen Räumlichkeiten, der Art der Ware und der Zahl unserer

Kunden dafür sorgen könnte, dass die Obstabteilung in Bezug auf Sauberkeit besser dasteht als in den vergangenen beiden Wochen?«

»So könnte man es sagen.«

Martin ist fassungslos und entscheidet sich nach kurzem Zögern, das Gespräch an dieser Stelle zunächst zu beenden. »Gehen Sie mal raus, Herr Scherer, in Ihre Abteilung, vielleicht gewinnen Sie ja doch noch die eine oder andere Erkenntnis!«, gelingt es ihm noch zu sagen.

Die Ich-Botschaft

Hannah war beim Abendessen keine große Hilfe gewesen. Sie bemerkte nur, wenn man einen Narzissten fragen würde, ob es irgendwo auf dem Planeten jemanden geben würde, der etwas besser könne als er, dann sei die Antwort schon vorher klar. Martin hatte geantwortet, dass er heute nicht noch einen Klugscheißer verkrafte, und war ins Fitnessstudio gefahren.

»Ich neige wirklich nicht zu körperlicher Gewalt«, sagt Pitt, als er die Schilderungen seines Freundes hört, und schüttelt den Kopf, »aber in dem Fall …«

»Hannah meint, das sei irgendeine Störung, aber das hilft mir auch nicht weiter. Der ist schon so lange dabei, und wenn wir trotz des ganzen Geschwafels, das er jeden Tag von sich gibt, einmal annehmen, dass er nicht blöd ist – dann weiß er doch ganz genau, dass er in Bezug auf die Sauberkeit in seinem Bereich extrem nachlässig ist.«

»Vielleicht ist er sich zu fein für solchen Kleinkram – wenn er ja in Gedanken ständig das ganze Unternehmen führt?«, überlegt Pitt.

Martin lässt den Einwand nicht gelten: »Erstens ist das nicht seine Aufgabe und wird es auch nie sein. Zweitens habe ich einmal vor Jahren in einem anderen Markt erlebt, wie sich unser Vorstand in der Obstabteilung gebückt hat, um zwei Tomaten aufzuheben. Das war für den damaligen Abteilungsleiter entsetzlich peinlich – jedenfalls war sich der Vorstand nicht zu schade, und dieser Herr jetzt schon?«

»Vermutlich ist euer Vorstand eben deshalb Vorstand, und Herr Scherer ist es eben deshalb nicht.«

Martin stimmt seinem Freund zu: »Das wird es sein. Und was mache ich jetzt mit dem? Ich hab den Ball sicher fünf oder sechs Mal zu ihm gespielt, aber das war sinnlos – er hat seine Schwäche nicht gesehen. Oder nicht sehen wollen.«

»Hast du mal in deinen Notizblock geschaut, wo du dir alles aufgeschrieben hast, was dir aus dem Coaching wichtig war? Ich meine, dass dein Coach da etwas von einer Art Plan B sagte, oder täusche ich mich?«

Martin schlägt sich die flache Hand gegen die Stirn: »Pitt, du hast recht! Plan B, so was hatte Steve Wilhelm tatsächlich angesprochen, aber notiert habe ich das nicht. Moment, ich komm da gleich drauf: Plan B sei nötig, wenn bestimmte Leute einen absichtlich nicht verstehen wollten. Dann muss man Klartext reden und auf die Fragetechnik verzichten. So hat er es damals gesagt. Er meinte, womöglich würde ich das nie brauchen, aber es sei immer gut, einen Plan B zu haben.«

»Vielleicht hast du das nicht notiert damals, weil du so begeistert von der Idee warst, dass man alles und jeden und immer mit Fragen bombardieren und so zum rechten Weg bekehren könne – da passte diese Idee nicht richtig rein?«, fragt Pitt nachdenklich.

»Genau! Ich war so darauf konzentriert, dass ich jeden Gedanken per Fragetechnik dem Mitarbeiter entlocke, dass ich diesen Punkt nicht wissen wollte! Deshalb ist mir auch heute bei Herrn Scherer nicht eingefallen, was bei diesem verhinderten Vorstand geholfen hätte: Ihm einfach klar und deutlich zu sagen, dass seine Abteilung viel zu oft schmutzig ist und dass er das zu lösen hat!«

Martin atmet tief durch und lässt sich gegen die Lehne des Barhockers sinken. Es ist eben gut, mehr als ein Werkzeug zu haben – egal, wie nützlich das Lieblingswerkzeug auch sein mag. »Steve Wilhelm hat das ›Ich-Botschaft‹ genannt: Ich soll im Zweifelsfall ganz klar meine Sicht der Dinge aussprechen«, erklärt er seinem Freund.

»Klingt gut«, meint Pitt: »Ich finde, Ihre Abteilung sieht beschissen aus – das lässt wenig Raum für Interpretation, oder?«

Martin lacht und schüttelt den Kopf: »Etwas vornehmer sprechen wir dann doch mit unseren Mitarbeitern: Ich finde, das Thema Sauberkeit hat in Ihrer Abteilung noch deutlich Luft nach oben – bitte sagen Sie mir, wie Sie das konkret verbessern werden!«

Metakommunikation

Beim Frühstück erzählt Martin, was er mit Pitt am Abend zuvor besprochen hat. Hannah als Psychologin kennt natürlich den Begriff der Ich-Botschaft: »Das hat für dich auch den Vorteil, dass der andere die Botschaft nicht zerreden kann. Wenn ich dich richtig verstehe, besteht ein Problem mit deinem Herrn Scherer darin, dass er alles diskutiert – aus Prinzip. Wenn du einfach nur sagst: Ich, Martin Dampf, finde, in Ihrer Obstabteilung muss es sauberer sein, dann kann er das nicht diskutieren, denn es ist deine Meinung.« Martin nickt, hat kurz Herrn Scherer vor Augen und köpft sein Ei. Hannah schaut nachdenklich auf den Tisch: »Stört dich das eigentlich nicht«, fragt sie schließlich ihren Mann, »dass der dich so an der Nase herumführt? Du machst deinen Job, und du machst ihn gerade in der letzten Zeit durch diesen lösungsorientierten Fragestil sehr konstruktiv. Du nimmst deine Mitarbeiter ernst, zeigst ihnen, dass du auf ihre Kompetenzen baust. Und dann bekommst du einen Leiharbeiter aus dem Nachbarmarkt, der die Regeln nach

15 Jahren im Unternehmen genau kennt, der aber deinen offenen Stil ausnützt, indem er sich blöd stellt und dich gezielt auflaufen lässt. *Mich* würde das ärgern.«

»Tut es auch!«, sagt Martin und schenkt sich Kaffee nach. »Ich war erst nicht sicher, ob er sich mir gegenüber aufplustern will oder ob er bloß ein verschrobener Typ ist, eine gescheiterte Existenz, der eigentlich Professor werden wollte oder Bundespräsident, jetzt aber in der Obstabteilung gelandet ist. Wie auch immer – Scherer weiß ganz genau, dass er beim Thema Sauberkeit schlampt. Der hat einfach keine Lust, sich mit dem Thema zu befassen – und er hat schon gar keine Lust, sich nach zertretenem Obst oder Gemüse zu bücken.«

»Warum sprichst du das nicht an?«, fragt Hannah.

Martin schaut hoch: »Soll ich ihm sagen, dass ich mich darüber ärgere, dass er mich auflaufen lässt? Damit zeige ich ihm doch, dass er genau das geschafft hat?«

»Vielleicht musst du nach einer besseren Formulierung suchen. Ich würde so etwas jedenfalls ansprechen, wenn es mich ärgert. Sonst habt ihr inhaltlich das Thema Sauberkeit vielleicht irgendwann vom Tisch, aber das Muster eurer Zusammenarbeit bleibt erhalten. Beim nächsten Thema stellt er sich dann wieder blöd und bringt dich erneut in die Rolle des autoritären Chefs, der durch Anweisungen führt. Man nennt das Metakommunikation: Reden darüber, wie man miteinander redet.«

Als Martin beim morgendlichen Rundgang in der Obstabteilung ein Bündel Schnittlauch vom Boden aufheben muss und dabei gleichzeitig hört, wie Abteilungsleiter Scherer dem Kollegen aus der Nachbarabteilung erklärt, wie dieser seine Mitarbeiter führen soll, steht sein Entschluss fest: »Herr Scherer, kommen Sie doch bitte direkt mal in mein Büro.«

Nachdem sein Mitarbeiter Platz genommen hat, kommt Martin direkt zum Thema: »Herr Scherer, ich habe mir unser Gespräch von gestern noch einmal durch den Kopf gehen lassen.

Sie waren der Meinung, dass es keine besser geführte Obstabteilung geben könne als Ihre. Ich muss Ihnen an diesem Punkt klar widersprechen: Auch wenn einige Dinge recht gut laufen, gibt es andere, die Sie deutlich verbessern müssen. An die erste Stelle gehört, wie ich gestern schon angedeutet habe, das Thema Ordnung und Sauberkeit. Dieses Thema ist leider ein Dauerbrenner, da ich bei jedem zweiten Marktrundgang gerade bei Ihnen etwas finde, was man aufräumen oder entsorgen muss. Das geht besser, und das muss besser gehen – darüber gibt es keine Diskussion, und ich erwarte von einem Mann Ihrer Intelligenz und Erfahrung konstruktive Vorschläge, wie Sie in Ihrem Verantwortungsbereich das Thema Sauberkeit dauerhaft in den Griff bekommen werden.«

Martin ist stolz auf die Stelle mit »Mann Ihrer Intelligenz und Erfahrung« – da hat er dem von sich so überzeugten Abteilungsleiter gerade aus dessen Selbsteinschätzung einen hübschen Strick geflochten und zu einer Schlinge geformt, aus der er nicht so leicht herauskommen dürfte. Das muss ich unbedingt Pitt erzählen, denkt er. Scherer öffnet den Mund, um etwas zu erwidern, doch Martin hebt die Hand: »Moment, ich bin noch nicht fertig. Diese Vorschläge möchte ich von Ihnen heute Nachmittag hören – ich bin mir sicher, das schaffen Sie. Jetzt möchte ich ein anderes Thema ansprechen: Wir kennen uns seit etwa zwei Wochen, und wir werden noch fast ein Jahr zusammenarbeiten, bis Frau Lehmann aus dem Mutterschutz zurück ist. Deshalb einige grundsätzliche Worte. Herr Scherer, gestern habe ich – aus meiner Sicht – in einer freundlichen Art versucht, Ihnen die Gelegenheit zur Selbstkritik zu geben. Niemand ist perfekt«, Martin sieht, wie Scherer zusammenzuckt, »und es ist keine Schande, eine Schwäche einzugestehen. Da Sie schon 15 Jahre in unserem Unternehmen arbeiten, liegt es auf der Hand, dass Ihnen bereits gestern klar war, welche Dinge Sie verbessern müssen. Dennoch haben Sie bestimmt fünf Minuten lang so getan, als wäre Ihre Abteilung perfekt. Ich habe mich, vornehm formuliert, verschaukelt gefühlt.

Meine Aufgabe als Führungskraft ist es, meine Mitarbeiter und vor allem auch meine Abteilungsleiter zu führen, sie unter anderem zu loben, wenn sie es verdienen, und zu kritisieren, wenn es dazu Anlass gibt. Damit helfe ich ihnen und uns allen, besser zu werden. *Ihr* Job ist es, in Ihrer Abteilung für funktionierende Abläufe und gute Ergebnisse zu sorgen. Sich künstlich dumm zu stellen, so wie Sie das gestern getan haben, interpretiere ich als einen Versuch, mir meine Arbeit schwer zu machen, ich erlebe so etwas als ausgesprochen wenig kooperativ.

Mir liegt an einem fairen und respektvollen Umgang hier im Markt. Ich versuche das, so gut ich kann, mit Ihnen. Und ich wünsche mir das umgekehrt auch von Ihnen. Ich möchte im Moment nicht, dass Sie darauf antworten, ich möchte, dass Sie darüber nachdenken. Und heute Nachmittag freue ich mich auf die Vorschläge, die Sie mir zum Thema Ordnung und Sauberkeit in der Obstabteilung machen werden.«

Mit diesen Worten erhebt sich Martin und zeigt zur Tür.

»So autoritär war ich bestimmt schon seit Monaten nicht mehr!«, sagt er abends zu Pitt. »Aber er kam nachmittags mit einigen sinnvollen Ideen bezüglich der Sauberkeit. Außerdem hat er sich, soweit ihm das möglich war, auch für sein Verhalten entschuldigt.«

»Das konnte der?«, staunt Pitt. »So hätte ich den nicht eingeschätzt!«

»Na ja, er hat gesagt, dass er darüber nachgedacht hat, und dass er das auch will mit dem fairen Umgang, und dass er in Zukunft darauf achtet. Das war doch für so einen Typ etwas wie ein Eingeständnis, dass er es bisher nicht so gehalten hat. Mir hat das gereicht, er muss ja nicht auf den Knien vor mir herumrutschen.« – »Och…«, meint Pitt und bestellt seine nächste Schorle.

Abends notiert Martin in seinem Notizblock:

- Dialog und Fragetechnik ist gut, kann jedoch von einzelnen Mitarbeitern ausgenützt werden, indem diese sich blöd stellen.
- Für solche Mitarbeiter benötigt man einen Plan B: Wenn der Mitarbeiter drei- oder viermal so tut, als wäre alles bereits perfekt, muss die Führungskraft mithilfe einer Ich-Botschaft klar Stellung beziehen: »Sie sagen, es ist alles perfekt – das sehe ich anders!«
- Zur Ich-Botschaft:
  - Sie gibt die persönliche Meinung der Führungskraft wieder und ist aus diesem Grund nicht diskutierbar.
  - Manche Chefs führen nur mit Ich-Botschaften.
  - Mein Weg des Dialogs ist sanfter, er braucht nur als »Sicherheitsnetz« die Ich-Botschaft.
  - Demokratie ist gut, aber zwei Werkzeuge sind besser als eines.
- Ein weiteres Werkzeug in der Kiste ist die Metakommunikation:
  - Metakommunikation beschreibt das Gespräch darüber, wie man miteinander redet oder miteinander umgeht.
  - Anstatt über den gerade anstehenden Inhalt (Sauberkeit, Freundlichkeit, Abschriften) zu diskutieren, tritt man einen Schritt zurück und thematisiert die Art und Weise des Umgangs.
  - Das ist immer dann sinnvoll, wenn man merkt, dass der Inhalt, über den man spricht, nur das vorgeschobene Thema darstellt und eigentlich der Umgang das wesentliche Problem ist.

Am Küchentisch

Hannah und Martin Dampf sitzen in der Küche beim Espresso. Sie haben sich ein verlängertes Wochenende gegönnt und experimentieren in der Nachmittagssonne mit einer neuen Espressomühle, die sie sich angeschafft haben. Martin ist damit beschäftigt, eine Testreihe mit verschiedenen Mahlgradstufen durchzuführen, damit der Espresso irgendwann schmeckt wie auf Sizilien. Während des Mahlens, Brühens und Vergleichens kommen sie auf die Veränderungen bei Martins Arbeit zu sprechen, die durch seine Coachinggespräche mit Steve Wilhelm entstanden sind. Martin kann inzwischen ohne Schwierigkeiten eingestehen, dass er den Coach, von dem Hannah schon vor Jahren so geschwärmt hat, selbst gut findet und enorm von ihm profitieren konnte. Vor einiger Zeit brummelte er zwar, dass er es komisch fände, »dass ich den noch nie gesehen habe«. Als Hannah antwortete: »Stell dir einfach den attraktivsten Skilehrer vor, den ganz Bayern zu bieten hat, und packe eine große Menge Intelligenz dazu«, hat er rasch entschieden, dass es genügt, wenn er mit Steve telefoniert.

»Es ist toll, dass deine Mitarbeiter so viel engagierter und selbstständiger sind – man merkt dir die Entlastung und die Freude an deiner Arbeit jeden Tag an«, gibt Hannah ihre Eindrücke wieder: »Ist es denn grundsätzlich bei allen Mitarbeitern so, dass sie von sich aus mit Lösungsvorschlägen kommen, wenn du sie auf ein Problem ansprichst?«

Martin überlegt. »Es ist eine Mischung«, sagt er dann. »Zum einen gibt es viel seltener als vor einem Jahr diese banalen Alltagsprobleme, bei denen ich alles fünfmal sagen muss. Das allein entlastet mich schon sehr, sowohl zeitlich als auch mental. Die Mitarbeiter merken sich die besprochenen Dinge viel besser, und sie bleiben auch an der Umsetzung dran. Wenn es ein Problemthema gibt, das ich anspreche, dann verläuft das Gespräch darüber fast immer konstruktiv. Mir fällt gerade keiner ein, der noch so passiv wäre wie früher – keiner wartet mehr, dass ich ihm vorbete, was er zu tun hat.«

»Das tust du ja auch nicht mehr. Ich gehe davon aus, dass inzwischen jeder weiß, dass das Gespräch ohnehin erst beendet ist, wenn er dir ein oder zwei vernünftige Lösungsvorschläge gemacht hat. Du hast aus passiven Befehlsempfängern aktive, teilweise sogar proaktive Verantwortungsträger gemacht – Kompliment! McGregor lässt grüßen!«

»McGregor?«

»*Jeder bekommt die Mitarbeiter, mit denen er rechnet!*«

»Oh, klar – das Thema ist schon wieder einige Zeit her.« Martin wirkt etwas verlegen.

»Sag mal«, Hannah lächelt schelmisch, »hast du eigentlich kein schlechtes Gewissen, deine Mitarbeiter so in die Mangel zu nehmen? Immerhin bist du der Chef, du wirst doch fürs Denken und Entscheiden bezahlt. Böse Zungen könnten behaupten, du tust selbst gar nichts mehr!«

»Noch hat sich das niemand getraut.« Martin grinst. »Im Ernst, ich werde doch vor allem fürs *Führen* der Mitarbeiter bezahlt. Ich bin der Meinung, dass ich genau das heute deutlich besser kann als noch vor einem Jahr. Ich helfe den Mitarbeitern dabei, besser zu werden, ich nehme sie ernst, ich suche und schaffe Gelegenheiten, sie zu loben. Die Leistung im Markt ist besser als je zuvor, weil alle mitdenken, die Stimmung ist ebenfalls besser, weil alle stolz auf ihre gemeinschaftliche Leistung sind – ich glaube, dass ich da einiges ziemlich richtig mache!«

»Und als Belohnung bist du inzwischen durchschnittlich eine Stunde früher zu Hause, dazu noch mit besserer Laune!«, stimmt Hannah zu.

»Ich habe am Anfang zweimal erlebt, dass Mitarbeiter in Panik verfallen sind, als ich fragte, wie sie das Problem lösen würden. Denen stand richtig der Schweiß auf der Stirn! Damals hatte ich mit jedem, der kam, immer diese Ball-Geschichte ausprobiert, aber bei diesen beiden war das falsch. Wie sich herausstellte, fehlte es bei diesen beiden nicht am Engagement, hier fehlte das Wissen und die Kompetenz. Ich hatte mich in Steves Worten in der ›Diagnose‹ vertan.«

»Und warum hattest du in diesen Fällen ein schlechtes Gewissen?«

»Weil ich einen schlimmen Führungsfehler begangen habe.« Martin erinnert sich kopfschüttelnd. »Steve Wilhelm hatte mir nur die eine Art von Fehler erklärt. Früher habe ich ja regelmäßig kompetenten, aber nicht motivierten Mitarbeitern wieder und wieder erklärt, was sie wie tun sollten. Da sie aber eigentlich kompetent waren, aber nicht engagiert, war das mit dem Erklären falsch. Ich habe gelernt, dass ich mit solchen Leuten den Nutzen der Aufgabe herausarbeiten muss.«

»Und der andere Fehler?«

»Der ist praktisch das Gegenteil des ersten Fehlers. Mit meiner dynamischen ›Wer hat den Ball?‹-Methode hätte ich vor lauter Schwung zwei recht neue Mitarbeiter fast überrannt. Stell dir vor, du bist neu, bist auch motiviert und willst alles richtig machen, kennst dich aber noch nicht aus –«

Hannah greift den Gedanken auf: »– und mein Chef ruft mich, konfrontiert mich mit einem Problem und fragt direkt, wie ich es lösen würde? Während ich als Neuling keine rechte Ahnung habe? Ich werde also erst kritisiert und soll dann etwas lösen, was ich noch nicht lösen kann? Schlimmstenfalls denke ich noch, ich darf nicht zugeben, dass ich das noch nicht weiß, damit ich die Probezeit überstehe! Da würde mir auch der Schweiß auf der Stirn stehen!«

»Zum Glück habe ich gemerkt, dass ich sie jetzt überfordere. Seither weiß ich, wie wichtig die klare Unterscheidung der

Mitarbeitertypen ist.[8] Es klingt banal, aber in der Hitze des Gefechts verrutscht einem das auch mal.«

»Und wenn man es nicht merkt«, greift Hannah den Gedanken auf, »dann hat man aus einem neuen motivierten Mitarbeiter, der noch nicht viel kann, einen neuen nicht mehr motivierten Mitarbeiter gemacht – der Worst Case!«

Martin nickt: »Und auf Seminaren jammert man dann gemeinsam mit anderen Führungskräften herum, dass man nur inkompetente und unmotivierte Leute hat – ohne dass einem der Seminarleiter deutlich sagen würde, dass das mit einem selbst zu tun hat! Ich weiß gar nicht, wie viele Jahre ich selbst so unterwegs war, grauenhaft!«

Fernes Echo

Martin schaut noch immer betrübt und Hannah will ihn auf andere Gedanken bringen: »Weißt du, was toll ist?«, fragt sie rasch.

Er schaut sie mit hochgezogenen Augenbrauen an: »Dass der Espresso jetzt richtig gut schmeckt?«

Hannah lacht. »Das auch, ja. Endlich hast du dir deine Mühle gekauft. Ich meinte aber etwas anderes. Seitdem du so intensiv von dieser zwischenmenschlichen Grundregel berichtet hast, dass man sehr wahrscheinlich das tut, was man selbst laut ausspricht, habe ich das Prinzip in vielen verschiedenen Lebenssituationen sehr bewusst angewandt. Man lernt so etwas auch in der Coachingausbildung, aber durch deine weite Reise in dieses Feld habe ich mir gedacht, man muss das nicht nur im Coaching, sondern kann es auch in anderen Lebensfeldern anwenden. Und es macht tatsächlich jeden Tag Spaß zu sehen, wie gut das Prinzip wirkt!«

---

8 Vgl. dazu Fritzsche, 2016

Martin schaut seine Frau misstrauisch an: »Hast du mit mir geübt, ohne dass ich es gemerkt habe?«

»Nein. Nicht mit dir. Aber in vielen Alltagssituationen, manchmal fast automatisch, ein anderes Mal ganz bewusst.«

»Nämlich?«, möchte Martin wissen.

»Fast automatisch habe ich neulich für mein Trainerteam etwas Gutes erreicht. Wir waren doch zusammen in einem Hotel wegen der neuen Seminarreihe, die wir konzipieren. Ich hatte vorab geklärt, dass wir bis 21.30 Uhr etwas zu essen bekommen würden, weil Conny aus Köthen erst spät anreisen konnte. Wir waren dann de facto um genau zwei Minuten nach halb zehn Uhr im großen Speisesaal.

Dort war aber gähnende Leere, keine Kellner mehr, die Tische abgeräumt – Service eingestellt, sicher schon seit mehr als zwei Minuten.«

»Und? Seid Ihr zur Tankstelle gefahren?« Martin stellt sich die Situation vor.

»Als wir endlich jemanden gefunden hatten, der etwas zu sagen hatte, war es schon Viertel vor zehn, wir waren alle total hungrig, und der meinte bloß, es würde ihm leid tun, aber die Köche wären jetzt weg. Ich habe die Arme verschränkt, ihn angeschaut und – die Mutter aller Fragen gestellt!«

Martin grinst: »Wie wollen Sie das jetzt lösen?«

»Ganz genau – plus Pausentechnik. Ich habe ultrafreundlich mitgeteilt, dass wir alle sehr gespannt wären, welche Lösung sich das Hotel für uns einfallen lassen würde. Er hat noch zweimal gesagt, dass die Köche weg wären, und ich hab immer nur ›eben darum‹ gesagt. Die Schlinge lag weiter um *seinen* Hals.«

»Und dann?«, will Martin wissen.

»Ich habe dir das Ergebnis schon an dem Abend erzählt, nur ohne diese Vorgeschichte. Er ging telefonieren und hat erreicht, dass wir im zehnten Stock des Hotels im dortigen Steakrestaurant ohne Aufpreis ein umfangreiches Abendessen bekamen. Der Blick war herrlich, das Essen lecker – und wir waren alle sehr zufrieden. Er damit, dass er uns helfen konnte, und wir damit, dass wir ein Upgrade bekommen haben.«

«Ein schöner Erfolg! Hast du noch mehr solche Beispiele?«

Hannah überlegt. »Einmal habe ich das Prinzip indirekt genützt. Du weißt doch, dass ich gelegentlich mit Gisela spazieren gehe. Die war im Herbst in großer Not wegen ihres Sohnes.«

»Dieser verwöhnte Schnösel? Der sich von der Mama auch mit 17 noch jeden Morgen zum Schulbus fahren lässt? Was für eine Not war das denn – hat er sich den Fingernagel eingerissen?«

Hannah lacht. »Genau der. Sie war vollkommen aufgelöst, weil dieses große Kind ihr von oben herab mitgeteilt hatte, dass es die Schule schmeißen wird.«

»Na und? Man kann doch auch ohne Abi glücklich werden. Wenn ich mich recht erinnere, hat bei dem ohnehin Gisela alles gemacht: Hausaufgaben vorbereitet und die Klassenarbeiten mit ihm geübt … – ich hätte mich geschämt!«

»Ja, das stimmt. Aber jetzt macht der Mann Druck, *sie* sei verantwortlich dafür, dass der Junge Abi macht – und Gisela zieht sich den Schuh leider an. Jedenfalls habe ich ihr das mit der Verantwortung und dem Ball erzählt. Dass es darauf ankommt, wer in einem Gespräch die wesentlichen Gedanken ausspricht. Dazu habe ich ihr einige andere Geschichten geschildert, die ich in meiner Praxis erlebt habe. Es hat den ganzen Spaziergang gedauert, aber sie hat es danach hinbekommen!«

»Was hat sie hinbekommen? Hey, du hast die Pointe ausgelassen!«

»Sorry. Ich hatte ihr geraten, diesem Bubi zu sagen, dass sie sich das alles gut überlegt habe und dass nicht jeder Abi machen müsse. Wenn er ohne glücklicher wäre, dann würde sie ihn nächsten Montag von der Schule abmelden. Wie gesagt, es hat über eine Stunde gedauert, sie zu überzeugen.«

»Mutig von ihr! Und was macht das Schnöselchen jetzt? Wenn der eine Lehre macht, wird er sich erst mal ganz schön behaupten müssen!«

»Moment! Gisela hat mir drei Tage danach erzählt, wie er reagiert hat: Er war vollkommen verdattert, hat irgendwas genuschelt wie er würde darüber nachdenken und ihr dann sagen, was er letzten Endes wolle – und seither hat er das Thema nicht mehr angeschnitten!«

»Interessant, dass es auch hier funktioniert. Ist das der gleiche Mechanismus?«

»Ja!« Hannah holt etwas aus, um Ihrem Mann die Hintergründe zu erklären: »Ich habe gedacht, dass er ambivalent sein dürfte in Bezug auf die Frage, ob er sich weitere eineinhalb Jahre in der Schule anstrengen soll. Wobei anstrengen bei ihm sicher relativ ist. Jedenfalls: Immer wenn er die Position Schule abbrechen vertritt und seine Eltern die andere Position, dann ist das ja genau falsch herum! Entsprechend der Annahme vom ausgesprochen Nutzen glaubt er daran, dass seine Überzeugung die bessere wäre, allein schon, weil er selbst sie ausspricht. Gisela hätte dann diese belastende Debatte jeden Monat bis zum Abitur gehabt. Vermutlich hätte sie immer wieder versucht, dem Zögling noch mit verschiedenen Leckerli und Boni die entsetzliche Anstrengung Schule schmackhaft zu machen. Weil ich Gisela mag, wollte ich ihr das ersparen.«

»Klingt wie mein Dialog mit Krüger – ich rede auf ihn ein und er zuckt nur die Schultern. Clever, das System mit dem Ball auf Erziehung anzuwenden! Aber, Hannah, was hättest du gemacht, wenn er okay gesagt und sich wirklich von der Schule abgemeldet hätte? Wenn er den Bluff durchschaut hätte?«

»Das hatte ich auf dem Spaziergang ebenfalls vorab mit Gisela geklärt. Wenn der junge Mann sich dafür entschieden hätte, dann hätte sie diesen Weg ebenfalls unterstützt. Ansonsten wäre es wirklich nur ein Bluff gewesen, eine reine Manipulationstechnik. Wie du weißt, glaube ich nicht an so etwas. Jedenfalls nicht in einer solchen Situation. Sie konnte es nur durchziehen, nachdem sie innerlich so weit war, auch den Schulabbruch als gutes Ergebnis zu akzeptieren.«

»Respekt«, sagte Martin, »dass du sie so weit bringen konntest, und auch Respekt vor Gisela, dass sie den Mut hatte, diese Tür zu öffnen!«

»Sehe ich genauso. Jedenfalls finde ich die Anwendung deines speziellen Dialogprinzips sehr hilfreich, egal in welchem Zusammenhang. Dein Coaching bewirkt also ein Echo in vielen Bereichen des täglichen Lebens.«

Problem – Nutzen – Lösung

Martin nickt: »Steve Wilhelm meinte mal, dass das Prinzip nicht kompliziert sei, man muss eigentlich nur drei Punkte klarhaben, dann kann man das Ganze ohne große Mühe umsetzen. Ich habe für mich die drei Schritte Problem – Nutzen – Lösung herausdestilliert, ich vermute, das hat er damit gemeint. Im Idealfall greifen die wie drei Zahnräder ineinander. Und über allem schwebt der Leitsatz: Lass es den anderen aussprechen!«

»So tief bin ich nicht im Thema – kannst du das etwas genauer erklären?«, bittet ihn Hannah.

»Gern. Zuerst muss das *Problem* klar sein, denn nur wer das Problem als solches überhaupt erkennt, ist motiviert, es lösen zu wollen. Außerdem gilt: Es sollte möglichst konkret sein, denn je konkreter das Problem definiert ist, umso klarer muss man auch bei der Lösungssuche sein.«

»Klingt einleuchtend«, meint Hannah. »Und weiter?«

»Danach muss man den *Nutzen*, den die Veränderung für den anderen haben wird, herausarbeiten. In manchen Situationen reicht es zwar, dass das Problem erkannt wurde, damit genügend Motivation zur Veränderung entsteht. In anderen Situationen denken die Leute womöglich: Ist doch nicht schlimm! Hier muss man dann diesen zweiten Schritt gehen und sie ihren persönlichen Nutzen erkennen lassen.«

»Klingt auch nachvollziehbar«, denkt Hannah laut nach. »Und

dann kommt das mit dem ausgesprochenen Nutzen: Wenn der Kunde sagt, was ihm der Fotokopierer bringt, dann kauft er das Teil eher, als wenn es der Verkäufer erklärt, ja?«

»Richtig: Wenn der Mitarbeiter selbst erkennt, welchen Vorteil es ihm bringt, freundlich zu seinen Kunden zu sein, wird er das auch viel eher tun wollen, als wenn sein Chef ihm das nur vorkaut. Das gilt übrigens auch für Schritt eins und für Schritt drei. Sagt der Mitarbeiter, dass er etwas nicht gut regelt, kann er hinter diesen Punkt nicht mehr zurück.« Hannah nickt zustimmend.

»Und die *Lösung*«, fährt Martin fort, »das ist der dritte Schritt. Die muss zwingend vom Mitarbeiter kommen, denn er muss sie später leben und umsetzen. Wenn er sie selbst findet, will er mir im Anschluss zeigen, dass er sich etwas Kluges ausgedacht hat. Würde ich ihm dieselbe Lösung präsentieren, würde er sich im schlimmsten Fall erst gar nicht ernsthaft anstrengen – jedenfalls steht er nur dann zu hundert Prozent hinter der Lösungsidee, wenn sie von ihm selbst entwickelt wurde. Und dafür habe ich die Mutter aller Fragen und die Pause.« Martin lächelt. »Ist recht einfach, oder?«

Hannah sieht es genauso: »Es klingt so, als wären das die drei Punkte, an die Steve gedacht hat. Wann hast du denn dein Abschlussgespräch? Da kannst du ihn danach fragen.«

»Ich will es noch als Grafik aufmalen und ihm zuschicken – danach rufe ich ihn an.«

Hannah muss grinsen: »Die drei Worte? Problem, Nutzen, Lösung? Das wird aber eine komplizierte Grafik! Brauchst du dabei Hilfe?«

Martin lacht: »Ich hab dir jetzt nur die Struktur gesagt – aber ich habe mir mit Pitt zusammen ein paar Fragen überlegt, mit denen wir den Ball immer wieder zum Mitarbeiter bekommen. Es ist eine Art Kreuzverhör, aber eben freundlich und konstruktiv. Das will ich noch sauber aufmalen, danach schicke ich es Steve, damit er sieht, was wir daraus gemacht haben.«

»Streber«, neckt ihn Hannah.

Das Auge isst mit

Martin Dampf erstellt für seine drei zentralen Schritte je ein Ablaufdiagramm. Er bastelt eine Weile herum, dann ist er zufrieden. Er E-Mailt alle drei Bilder an Steve Wilhelm und bittet ihn gleichzeitig um einen Termin für das Abschlussgespräch.

Schritt I: Problemdefinition

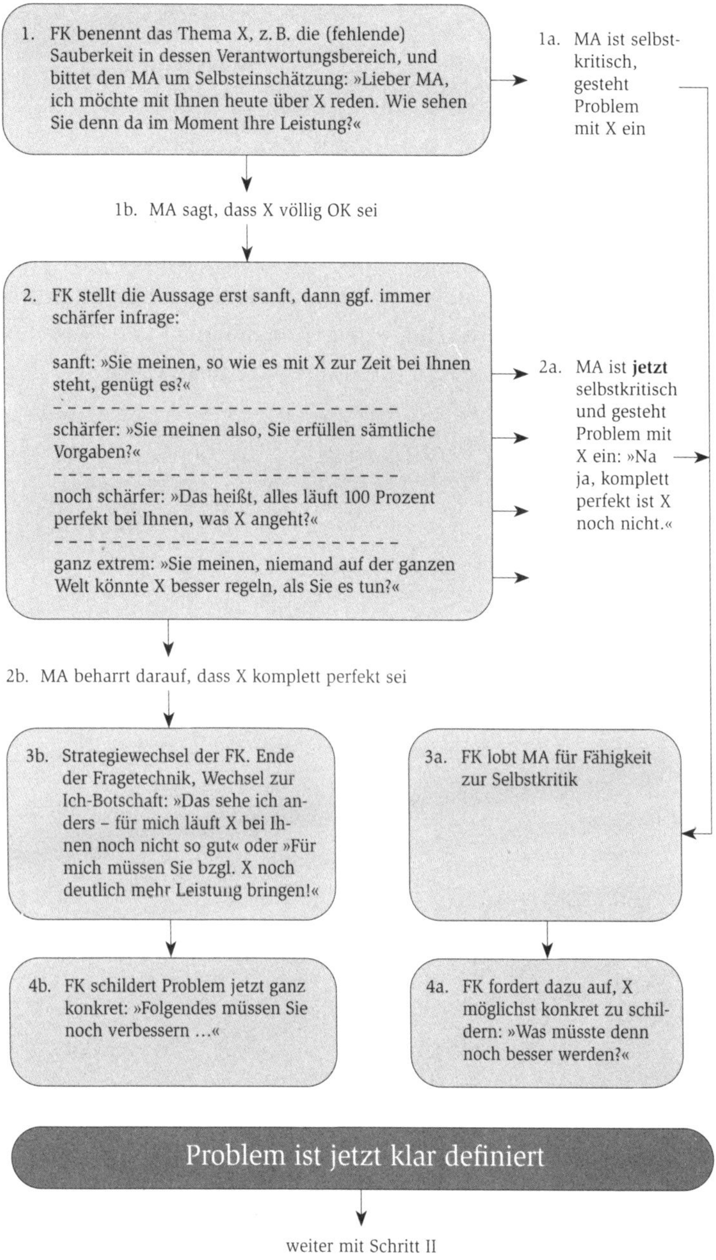

Schritt II: Motivationslage klären, Nutzen herausarbeiten

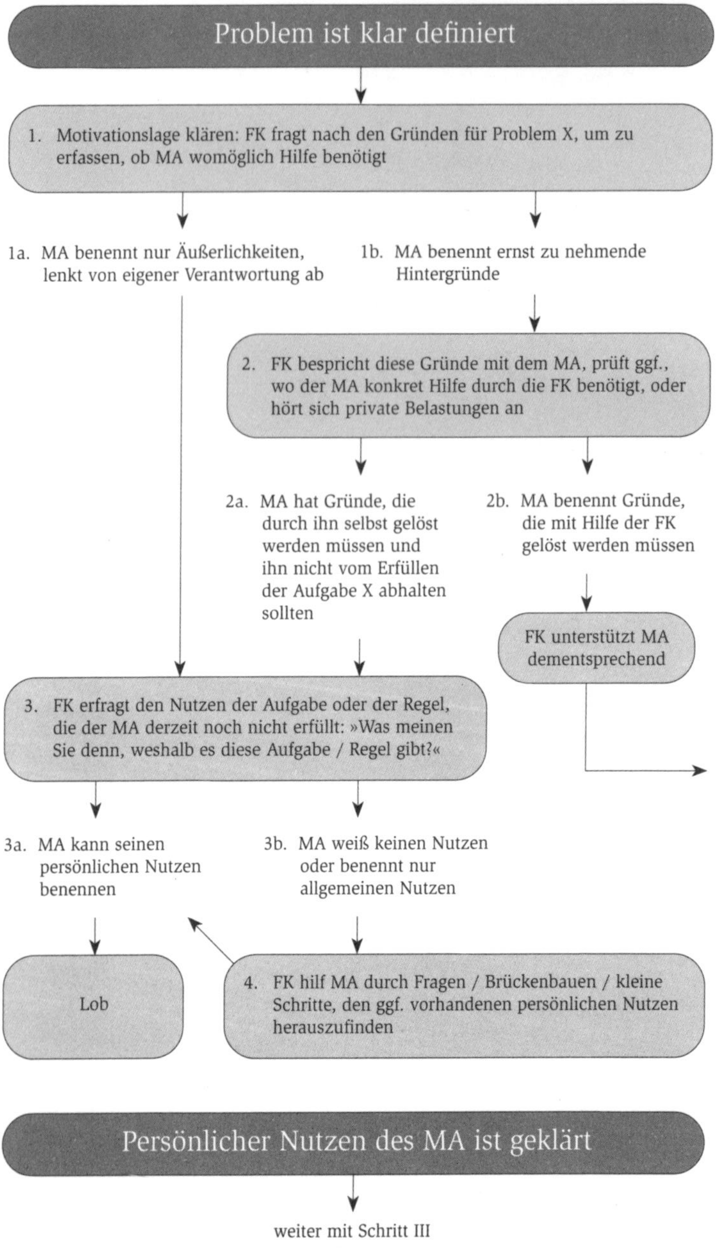

Schritt III: Lösungen finden

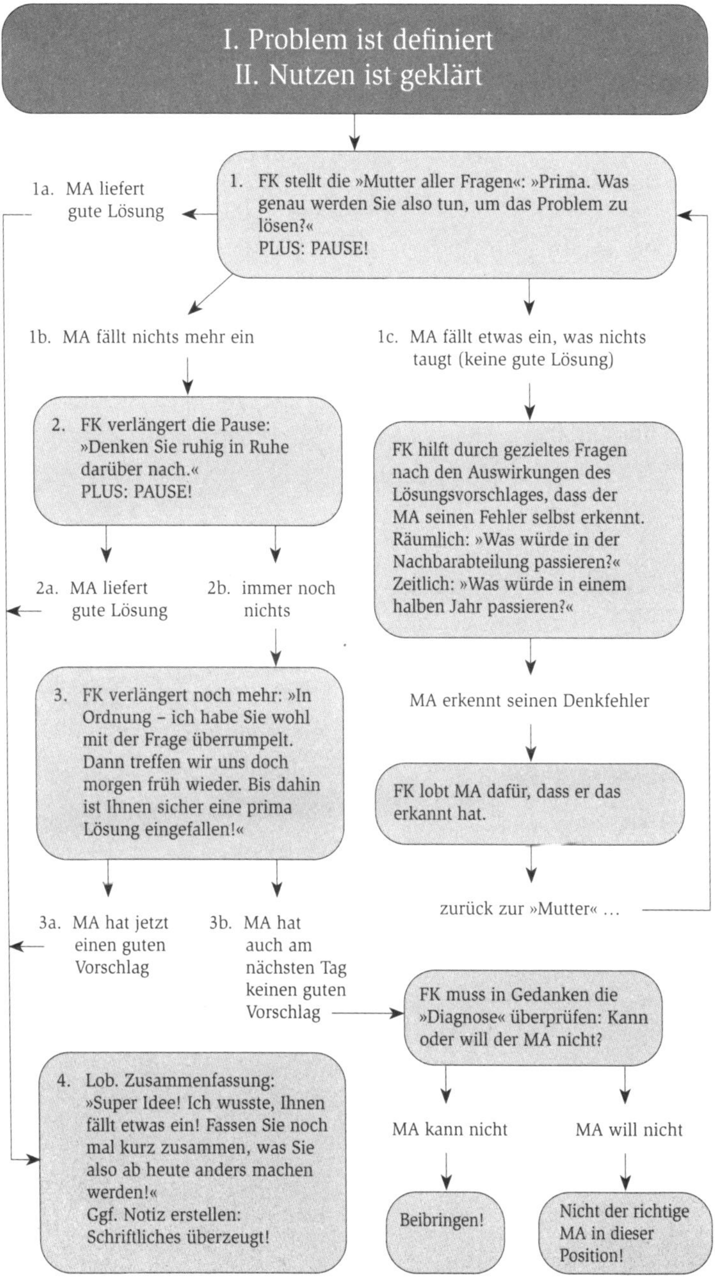

Nachgespräch

»Servus Martin, wie geht es Ihnen? Das sind tolle Diagramme, die Sie da gemalt haben, da ist alles Wesentliche strukturiert enthalten!«, begrüßt ihn der Coach am Telefon. Martin freut sich: Es ist, als hätten sie sich gerade erst gestern zum letzten Mal gesprochen, und nicht vor bald drei Monaten. Dank Hannahs Beschreibung sieht er vor seinem inneren Auge einen sonnengebräunten, strahlend lächelnden Skilehrer am Hang stehen und muss grinsen.

»Mir geht's prima, Sie haben mir wirklich geholfen, Steve! Die Diagramme habe ich gebastelt, damit ich das mal als Gesamtbild strukturiert vor mir sehe. Als ich es fertig hatte, dachte ich, dass Sie vielleicht auch Verwendung dafür haben, wenn Sie einmal einem visuellen Typ etwas verklickern möchten, falls der Ihre Überlegungen telefonisch nicht sofort kapiert.«

»Super Idee, das werde ich bestimmt benützen – dann werde ich immer sagen, dass der Martin Dampf das erstellt hat, einverstanden?«

»Wie Sie möchten.«

In den nächsten Minuten berichtet Martin von seinem Gespräch mit Herrn Scherer und wie er den »Knüppel der Ich-Botschaft« auspacken musste. (»Na na, Martin, so habe ich das aber nie bezeichnet!«, mahnt Steve scherzhaft.) Danach erzählt er von seinem Gespräch mit Hannah beim Espresso.

Musste das sein? Es geht nicht anders!

»Freut mich, wenn Hannah die Gelegenheit genutzt hat, ihr altes Coachingwissen aufzupolieren!«, klingt es in bayerischem Dialekt durch den Hörer. »Und die Anwendungsfelder für die Strategie des ausgesprochenen Nutzens sind tatsächlich weitläufig – man findet sicher jeden Tag eine Gelegenheit, das zu üben.«

»Wissen Sie, irgendwann zwischen unserem dritten und vierten Telefonat habe ich gemerkt, dass Sie das, was Sie mir inhaltlich erklären, parallel auch formal mir gegenüber anwenden. Damals fand ich das gar nicht witzig und habe mich manipuliert gefühlt.«

»Und wie sehen Sie es heute, Martin?«, fragt der Coach auf der anderen Seite der Leitung.

»Da – Sie tun es schon wieder!«, lacht Martin und überlegt. »Heute sehe ich es positiv. Erstens glaube ich, dass die Dinge lange nicht so gut hängen geblieben wären, wenn Sie mir das alles nur erklärt hätten. Zweitens habe ich es ja auf zwei Ebenen gelernt: Dadurch, dass wir die Überlegungen zusammen entwickelt haben, und dadurch, dass ich es am eigenen Leib erlebt habe. Immerhin wende ich es schon seit über einem halben Jahr bei meinen eigenen Mitarbeitern erfolgreich an. Nicht nur bei den wenig Motivierten, über die wir damals vor allem gesprochen haben, sondern auch bei denen, die neu sind. Allerdings nicht, um sie zu motivieren, Lösungen zu finden, sondern einfach im normalen Gespräch, wenn ich ihnen etwas beibringe. Natürlich nicht die ganze Zeit. Manches muss ich ihnen erst einmal in Ruhe erklären, gerade wenn sie sich noch überhaupt nicht auskennen. Aber selbst da kann ich zum Beispiel nach dem Sinn einer erklärten Aufgabe fragen. Ich kann sie fragen, was sie denn denken, wofür eine Regel gut ist – und schon haben wir beiläufig die Nutzenargumentation eingesetzt. Oder wenn sie etwas Ähnliches schon gemacht haben, frage ich, wie sie denn die neue

Aufgabe angehen würden, wenn sie es mit der anderen Aufgabe vergleichen. Auch da kann ich mit dem Bauen von Brücken helfen, dass sie sich bestimmte Dinge selbst erarbeiten.«

»Und *warum* tun Sie das, lieber Martin?«

»Aus dem gleichen Grund, aus dem auch Sie mir alle diese Fragen gestellt haben: Damit die Menschen selbst herausfinden, wie etwas geht. Ich will, dass sie ihren eigenen Weg entwickeln. Außerdem kann ich sie loben, wenn sie eine gute Idee hatten.«

»Ausgezeichnet!«, lobt Steve Wilhelm prompt, und Martin grinst.

»Mann, jetzt reden wir drüber und tun es gleichzeitig, das ist ganz schön abgefahren!«

»Finden Sie?«, lächelt der Coach. »Fallen Ihnen weitere Gründe ein, weshalb ich Ihnen nicht einfach 15 Minuten lang alle wichtigen Überlegungen erklärt habe?«

Martin denkt laut nach: »Wenn Sie es nur erklärt hätten und mich nicht hätten rausfinden lassen, was ich heute weiß – dann wären mir viele Feinheiten durch die Lappen gegangen. Ich musste das in kleinen Häppchen abbeißen und selbst kauen.«

»Na ja, die kleinen Häppchen hätte ich ja vorgeben können, indem ich, wie jetzt auch, sechs Telefonate jeweils zu einem Teilbereich der Thematik mit Ihnen gemacht hätte. Aber warum war es wichtig, dass Sie selbst nachdenken?«

»Wie gesagt: Erstens ist es jetzt auch meine Ideensammlung und ich stehe so viel mehr dahinter. Zweitens konnten Sie mich immer schön loben, was ich doch gern in Kauf genommen habe«, lacht Martin. »Aber das hatten wir ja schon. Sie wollen noch auf etwas anderes hinaus, oder?«

»Ja. Es hat etwas mit den Ergebnissen der neueren Hirnforschung zu tun, kann sein, dass Sie da nicht so im Thema sind«, überlegt Steve Wilhelm.

»Doch«, Martin ist zum Scherzen aufgelegt, »immer wenn ich zwischen den Regalen im Markt unterwegs bin und nachschaue, ob wir genug Butter haben, habe ich in der Jackentasche ein Buch über Hirnforschung dabei!«

»Entschuldigung, das war jetzt dumm von mir«, Steve Wilhelm ist zerknirscht. »Ich habe es zu weit getrieben mit dem Selbstentdecken.«

»Kein Thema, Steve. Wenn ich in der Fleischabteilung bin, kann es schon mal sein, dass ich zum Hirnforscher werde. Was sagt denn nun Ihre Hirnforschung zu unserer Art des Dialogs?«

»In der Hirnforschung heißt es, dass man Neues immer dann besonders gut lernt, wenn das Lernen mit einer positiven Erregung einhergeht.[9] Neugier ist ein Wort, das etwas sehr Zutreffendes beschreibt: die »Gier« nach dem Neuem ist uns eingepflanzt. Das Hirn freut sich nachweislich, wenn es etwas Neues gelernt oder verstanden hat. Wenn ich Ihnen alle Antworten gebe, lernen Sie nicht besonders intensiv. Wenn ich Ihnen stattdessen aber Fragen gebe und Sie damit neu-gierig mache, und wenn Sie diese Fragen dann selbst beantworten, schüttet Ihr Körper Adrenalin und Noradrenalin und Ihr Gehirn Dopamin aus. Dass ich Sie lobe, ist also nur die kleinste Belohnung in solchen Momenten. Die Ausschüttung von Dopamin, einem Botenstoff im Gehirn, gibt uns ein gutes Gefühl. Und: Dopamin regt die Neubildung und -vernetzung von Nervenzellen an. Das bedeutet Lernen körperlich: Neue Vernetzungen entstehen im Gehirn.«

»Stark.« Martin ist beeindruckt. »Dann könnte man das also gehirngerechtes Führen nennen?«

»Oje – in der Psychologenszene ist dieser Begriff seit Jahren der Renner. Alles muss gehirngerecht sein, sonst ist es für die Kollegen nichts wert. Und wenn Sie etwas Uraltes als gehirngerecht bezeichnen, kommen die Leute ganz von allein in Ihre Seminare oder kaufen die passenden Bücher: Das ist aus meiner Sicht viel alter Wein in neuen Schläuchen. Auch ohne die Hirn-

9 vgl. Hüther, 2011

forschung der vergangenen Jahre hat man gewusst, wie man Menschen dabei unterstützt zu lernen. Die Hirnforschung sagt uns nicht, wie, sondern nur, weshalb – sie erklärt also nur, warum man etwas in einer bestimmten Art tun sollte. Auch ich wollte Ihnen mit diesem Ausflug einen weiteren Grund liefern, weshalb Lernen durch selbst Entdecken so wirkungsvoll ist.«

»Ich bin mit oder ohne zusätzliche Begründung durch irgendwelche Belohnungsmechanismen ein Fan dieser Vorgehensweise. Aber Sie waren mir jedenfalls ein guter Lehrer, Steve, und indem Sie es mit mir am eigenen Leibe durchgeführt haben, waren Sie gleichzeitig ein gutes Vorbild.«

Three little things

»Das freut mich sehr, lieber Martin. Sie waren umgekehrt ein ausgezeichneter Schüler! Haben Sie über das Besprochene hinaus noch irgendwelche Fragen?«

Martin überlegt und erinnert sich an sein letztes Gespräch mit Hannah. »Sie hatten ganz am Anfang in einem Nebensatz gesagt, dass es auf drei kleine Punkte ankomme. Wenn man die im Blick hätte, dann würde alles gut laufen. Habe ich da recht mit meiner Einschätzung, dass es sich um unseren Gesprächsaufbau mit den drei Schritten Problem – Nutzen – Lösung handelt?«

Der Coach zögert etwas: »Jein. Die drei Schritte Problem – Nutzen – Lösung stellen eine gute Zusammenfassung dar von dem, was ich Ihnen vermitteln wollte. Letzten Endes beschreiben die drei Schritte aber nur *einen* möglichen Ablauf des Gesprächs. Wie Sie selbst zwischendurch gesagt haben: Zwingend ist nur die Lösungsfrage, also unser Schritt drei. Die beiden anderen Schritte, das Erarbeiten des Problems und das Herausstellen des Nutzens, sind dagegen nur in manchen Fällen notwendig. Wenn einem Mitarbeiter schon klar ist, welches Problem er noch hat, oder wenn ihm klar ist, wo sein Nutzen liegen würde, wenn er es löst, müssen wir darauf nicht mehr herumreiten, sondern können mit Schritt drei beginnen.«

»Was sind denn dann die drei zentralen Punkte?«, fragt Martin verwundert.

»Für mich ist das, was wir ganz zu Anfang geklärt haben, ein wirklich wesentlicher Punkt. Sie haben es gerade mit Hannah aus der anderen Perspektive besprochen: erst die Diagnose, dann die Therapie. Wenn ich mit einem neuen Mitarbeiter diese Art des fragenden Dialogs führe, wird er überfordert reagieren – womöglich demotiviere ich ihn sogar komplett. Erkläre ich dagegen einem alten Hasen jeden Monat die Welt neu, motiviere ich ihn nicht und rede an ihm und seiner Bedürfnislage vorbei. Ich muss also wissen, ob es sich um ein Kompetenz- oder ein Motivationsthema handelt.«

»Ohne diesen Punkt ist der Rest nichts wert und kann genauso gut in die Hose gehen!«, stimmt Martin zu. »Und was sind Ihre beiden anderen Punkte?«

»Der zweite Punkt lautet für mich: vom Problem zur Lösung – wobei das eine doppelte Bedeutung hat. Einmal schildert es die zeitliche Abfolge, wie Sie es in Form der drei Schritte notiert haben: Man kann sich um eine Lösungssuche erst kümmern, wenn klar ist, welches Problem vorliegt, sonst eiert man herum. Dann umschreibt es aber auch die Haltung, die Sie einnehmen – nicht umsonst habe ich es als Mutter aller Fragen bezeichnet, den Mitarbeiter zu fragen, wie er das Problem lösen will. Viel zu viele Führungskräfte bleiben in der Problemdiskussion hängen: Was ist da los, wer war das, wer hat Schuld – das ist alles rückwärts gerichtet und endet oft in Schuldzuweisungen und Verteidigungsreden. ›Vom Problem zur Lösung‹ beschreibt eben auch diesen anderen Blickwinkel – man redet nicht stundenlang darüber, wer schuld ist.«

Martin ist beeindruckt: »Sie haben recht. Wie rasch man das vergisst – dabei bin ich in den ersten Wochen dauernd in diese Falle gegangen und habe nach dem Warum und Wieso gefragt. Gebracht hat es nie etwas – außer Rechtfertigungen und schlechter Stimmung.«

»Eben. Mein dritter kleiner Punkt schließlich, das ist für mich die Frage, wer den Ball hat. Ich habe von den Forschungen dieses Unternehmens gehört, von dem Maria Krall in der Videosequenz berichtet hat, und war sofort begeistert. Die Technik des ausgesprochenen Nutzens stimmte von Anfang an mit dem zentralen Prinzip des Coaching überein: Ein guter Coach hilft seinem Klienten, selbst herauszufinden, wie er sein Problem löst. Das ist so wichtig, man kann es nicht oft genug betonen. Die anderen Menschen sind viel klüger, als wir glauben. Und nicht selten sind sie auch klüger, als sie selbst glauben. Es macht Spaß, auf der Jagd nach der Klugheit der anderen zu sein – ich glaube, das haben Sie gemerkt, Martin!«

Martin lacht: »Da kommt ja ein richtiger Fanatiker durch, Steve! Auf der Jagd nach der Klugheit der anderen, wow! Ich stimme Ihnen zu, außer darin, dass Sie die Frage, wer den Ball hat, als einen kleinen Punkt bezeichnet haben. Das sind wesentliche Säulen, die darüber entscheiden können, wie in einem Unternehmen die Mitarbeiter und die Führungskräfte ihr Zusammenleben gestalten. Ich bin froh, dass ich Sie angerufen habe. Bitte senden Sie mir Ihre Rechnung. Wissen Sie, Steve«, Martin holt kurz Luft, »es ist nicht nur, dass ich Zeit spare und dass mir alles leichterfällt. Es ist auch nicht nur, dass die Atmosphäre bei uns im Markt positiver und energiegeladener geworden ist. Es ist auch, dass ich seit unseren Gesprächen wieder in der Weise führe, wie ich mir immer vorgestellt habe, dass ein guter Chef führen müsste. Dazu haben mir Ihre drei ›kleinen‹ Punkte verholfen – und das ist für mich das Wertvollste von allem.«

Epilog: War es das wert?

Martin hat Pitt auf eine Pizza eingeladen. Nachdem sie bestellt haben, schiebt er ihm den letzten Zettel seines Notizblocks über den Tisch: »Schau. Diese drei kleinen Punkte haben mein Leben als Führungskraft revolutioniert!« Pitt liest:

Der Kern:

- Erst die Diagnose, dann die Therapie.
- Vom Problem zur Lösung.
- Es kommt immer darauf an: Wer hat den Ball?

»Das ist alles? Dafür hast du 5.000 Euro bezahlt?«

Martin schaut ihn entspannt an und lächelt: »Allerdings. Das sind die drei Punkte, auf die es ankommt. Und dafür habe ich 5.000 Euro bezahlt – und ich habe sie gerne bezahlt. Sie waren es wirklich wert. Du weißt, was alles in diesen drei kleinen Gedanken steckt, wir haben sie gemeinsam, nach und nach, erarbeitet und mit Leben gefüllt!«

Pitt schüttelt langsam den Kopf und schaut seinen Freund an. »Weißt du noch, wie wir den Vertrag gelesen haben und wie wir nach dem Trick gesucht haben, nach der juristischen Falle? Und wie wir gelästert haben über die Esel, die so viel Geld für eine einzige Stunde Coaching ausgeben würden? Und jetzt bist du selbst einer!?«

»Ja, ich habe 5.000 Euro bezahlt für eine Reihe von wertvollen Ratschlägen und Erkenntnissen. Sie nützen mir jeden Tag. Und wenn du mich noch einmal als Esel bezeichnest, kannst du deine Pizza selbst bezahlen!« Martin grinst Pitt an und der erwidert genauso fröhlich: »Klar, jetzt bist du pleite und kannst dir keine Pizza mehr leisten! Aber im Ernst – meinst du nicht, dass 500 Euro auch gereicht hätten, für diese eine Stunde?«

»Es ist in Ordnung: Es war das Geld wert. Außerdem –«, Martin zögert kurz, »ich bin nicht ganz sicher, aber wenn es zu wenig gekostet hätte, also 250 Euro oder auch 500 Euro, ob ich es dann genauso ernst genommen hätte? Doris, eine Freundin, raucht wie ein Schlot und schadet damit seit Jahrzehnten ihrer Gesundheit. Sie ist Personalleiterin und war vor einiger Zeit in einem Nichtraucherseminar – vom Unternehmen gesponsert. Später hat sie überall gespottet, dass sie direkt danach erst mal eine geraucht habe. Wenn sie damals die Seminarkosten selbst hätte tragen müssen – ich wette, sie hätte es ernster genommen. So hat sie eine wichtige Chance verpasst, sie raucht heute noch.«

»Das heißt, auch wenn du das, was du gelernt hast, klug und hilfreich findest, ist es trotzdem gut, dass es auch teuer war?«, hakt Pitt nach.

»Sagen wir mal so: Wenn ich es in einem Buch gelesen hätte, für das ich 15 oder 20 Euro bezahlt hätte, und wäre jetzt damit durch – selbst wenn ich es klug finden würde, vielleicht würde ich es doch nicht so ernst nehmen, weil es nur ein Buch war – ich bin mir nicht sicher.«

»Oder aber«, fügt Pitt nachdenklich an, »du würdest denken, dass du gerade das wertvollste Buch deiner Karriere gelesen hast.«

Anhang: Martins Notizblock

Martin hat sich im Verlauf der Gespräche mit Steve Wilhelm Notizen gemacht, oft nur einen einzigen Satz. Diesen Notizzettel trägt er einige Monate mit sich herum – bis die Punkte die darauf vermerkt sind, ihm in Fleisch und Blut übergegangen sind.

Lektion 1

- Gute Mitarbeiter müssen kompetent und engagiert sein.
- Sind sie das nicht, ist ihre Leistung schlecht.
- Es hilft nichts, wenn jemand kompetent ist, sich aber nicht engagiert.
- Die Führungskraft muss beim Mitarbeiter das fördern, was fehlt.
- Um Kompetenz zu fördern, muss die Führungskraft die Aufgabe gut erklären.
- Wer etwas einige Zeit richtig macht, ist eindeutig kompetent!
- Wer etwas plötzlich nicht mehr richtig macht, hat daher kein Kompetenzproblem, sondern ein Motivationsproblem!
- Sinnvoll ist, ihn zu fragen, was los ist.
- Jemandem, der nicht motiviert ist, etwas zu erklären, ist ein Führungsfehler!

Lektion 2

- Motivieren heißt, jemandem den Sinn klarzumachen
- Warum statt Wie.
- Motivieren heißt, jemanden in Bewegung zu versetzen.

- Wenn der, der sich mehr bewegen soll (Mitarbeiter!), im Gespräch ganz still sitzt und sich nur der andere (Chef!) bewegt, dann ist das ein Widerspruch!

Lektion 3

- Wichtig ist, dass der Kunde sich das Produkt selbst verkauft.
- Wichtig ist also, dass meine Mitarbeiter selbst herausfinden, weshalb sie etwas tun sollen!
- Wenn mein Mitarbeiter selbst herausfindet und selbst begründet, weshalb eine Aufgabe wichtig ist, ändert sich in diesem Moment sein Selbstbild, er verwandelt sich – in seiner eigenen Sicht – in eine Person, für die diese Aufgabe wichtig geworden ist.

Lektion 4

- Der Sinn ihrer Aufgabe bestand für die Mitarbeiterin darin, nicht geschimpft zu werden?!
- Die Frage nach den Gründen hat Frau Briegel als Angriff verstanden.
- Das hatte zwei Konsequenzen:
  1. Sie hat beleidigt reagiert.
  2. Sie hat allen möglichen anderen Dingen die Schuld gegeben, nur nicht sich selbst.
- Frau Briegel hat logischerweise eine »Lösung« nur bei uns und nicht bei sich selbst gefunden.
- Am Ende habe doch wieder ich den Sinn erklärt – besser als nichts, aber das war nicht mein Ziel!
- Vermutlich kann sie das, was ich ihr da erklärt habe, morgen früh schon nicht mehr wiedergeben – ich habe sie damit nach meinem Eindruck überhaupt nicht erreicht!
- Man sollte nicht davon ausgehen, dass Mitarbeiter immer die gleiche Vorstellung vom Sinn einer Aufgabe haben wie die Führungskraft.

- Wenn der Mitarbeiter nicht von selbst darauf kommt, wofür eine Aufgabe nützlich ist, dann sollte die Führungskraft nicht erklären, sondern mithilfe von gedanklichen Brücken den Mitarbeiter dabei unterstützen, die Antwort selbst zu finden.
- Weil man nicht jeden Gesprächsverlauf vorhersehen kann, ist als Orientierung das Bild vom »Ball« hilfreich: Ich sollte als Ziel für jeden Gesprächsmoment haben, dass ich dem Mitarbeiter den Ball der Verantwortung zuspiele.
- Ich sollte auch damit rechnen, dass er ihn einige Male zurückspielt:
    - den Ball zum Chef spielen tut ein Mitarbeiter beispielsweise, indem er eine wenig kluge Antwort gibt (»Damit ich nicht geschimpft werde«);
    - ob der Mitarbeiter dabei wirklich diese Sicht hat, oder ob er sich nur »dumm stellt«, ist egal, wichtig ist, ihm zu helfen, eine klügere Antwort zu finden.
- Die Aufgabe der Führungskraft ist in einem solchen Moment, kleine Hinweise zu geben, Brücken zu bauen – mit dem Ziel, dass der Mitarbeiter zuerst sein Gehirn aktiviert, selbst denkt, und später dann dadurch sein Handeln aktiviert wird.
- Diese Brücken führen dazu, dass der Ball wieder beim Mitarbeiter landet.
- Indem er am Ende entdeckt und ausspricht, weshalb das Erfüllen einer Aufgabe für ihn wichtig ist, wende ich als Führungskraft das Prinzip des ausgesprochenen Nutzens der Top-Verkäufer an.

Lektion 5

- Wenn ein Mitarbeiter eine Erkenntnis noch nicht hatte, liegt das nicht unbedingt daran, dass er blöd ist, sondern dass er anders denkt als die Führungskraft.
- Wenn man dem Mitarbeiter durch Fragen hilft, Dinge selbst herauszufinden, bringt das schon im Dialog ein gutes Gefühl:

- Er freut sich, wenn er selbst etwas entdeckt;
- man kann ihn loben, wenn er etwas entdeckt;
- selbst wenn die Antworten nicht passen, kann man immer noch loben dafür, dass er überhaupt nachdenkt.

– Der Umgang mit dem Mitarbeiter verändert sich; auch wenn ich ihn als Führungskraft weiterhin führe und lobe, so ist doch …
  - … der Dialog mehr auf Augenhöhe als sonst, weil ich nicht alles erkläre und also der einzig Schlaue bin, sondern weil ich ihm helfe, selbst schlau zu sein;
  - … das Klima in diesem Dialog deutlich positiver, weil auf gute Dinge ausgerichtet;
  - … die Situation deshalb eher ein Miteinander als ein Gegeneinander.

– Diese Form des Dialogs wirkt also motivierend, weil Lob wie ein Leckerli wirkt, pardon, wie eine Belohnung, und weil durch das gemeinsame Herausfinden einer Idee generell ein gutes Klima voller positiver Energie entsteht.

Die Mutter aller Fragen

– »Wie werden Sie das Problem X in Zukunft lösen?«, ist eine zentrale Frage, vielleicht DIE zentrale Frage.
  - Sie konzentriert sich auf die Lösung und nicht auf das Problem.
  - Sie benennt den Verantwortlichen für die Lösung, nämlich den Mitarbeiter.
  - Sie »spielt den Ball der Verantwortung« klar in das »Feld« des Mitarbeiters: Er muss handeln!

– Diese Frage setzt in idealer Weise das Gespräch fort, nachdem man mit dem Mitarbeiter den Sinn der Aufgabe erarbeitet hat.
  - Wenn er gerade noch selbst geschildert hat, dass und weshalb die Aufgabe sinnvoll ist, kann er nicht im nächsten Moment sagen, dass ihm egal ist, wenn er sie nicht löst – der erste Teil liefert also Energie für die Lösungssuche!

  - In der Zukunft hat noch niemand einen Fehler gemacht, über die kann man besser sprechen als über Vergangenes – das ist ohnehin vorbei.
- Verbunden mit der »Mutter aller Fragen« ist die wichtigste Führungstechnik – die Pause.
- Indem ich den Ball zum Mitarbeiter spiele und ihn mit Pausen und anderen Techniken dort halte, merkt der Mitarbeiter, dass seine Meinung tatsächlich gefragt ist, und er beginnt, ernsthaft nach einer Lösung zu suchen.
- Es gibt eine Menge Möglichkeiten, mit denen Mitarbeiter den Ball wieder zur Führungskraft zurückspielen – man kann sie jedoch zu einigen grundsätzlichen Strukturen zusammenfassen, auf die man sich jeweils gut vorbereiten kann:
  - »Das geht nicht.« – »Oh doch! Denken Sie in Ruhe nach!«
  - »Ich weiß nicht, wie.« – »Das ist ja auch eine schwierige Frage – nehmen Sie sich genügend Zeit für Ihre Antwort!«
  - »Ich komme da gerade wirklich nicht darauf!« – »Okay; wenn ich Sie überrumpelt habe, tut es mir Leid, dann sprechen wir einfach morgen früh noch mal darüber – bis dahin haben Sie eine Menge Zeit, um sich wirklich gute Lösungen auszudenken!«
  - »Warum sagen Sie mir nicht einfach, was Sie wollen?« – »Das tu ich ja: Ich möchte gern, dass Sie eine eigene Antwort für die Frage finden!«
- Letzten Endes sind fast alle Reaktionen nach dem gleichen Muster gestrickt: Man kann dem Mitarbeiter zugestehen, dass er gerade nicht auf Anhieb eine Lösung findet – aber man nimmt ihm die Suche danach nicht ab, man gibt ihm einfach mehr Zeit dafür.
- Wichtig ist bei jeder der Reaktionen: <u>Der Ball der Verantwortung bleibt beim Mitarbeiter!</u>
- Achtung: Wenn ich dem Mitarbeiter dauernd helfe, gewöhnt er sich daran und wird unselbstständig! Ich darf mich nicht einwickeln lassen, wenn er sich hilflos gibt, falls ich zuvor für mich

geklärt habe, dass der Mitarbeiter in der Sache kompetent ist!

Führungsfehler / Grundsatzgedanken

- Die Mitarbeiter sind viel schlauer, als man so denkt!
- Sie für dumm zu halten ist dumm!
- Ihnen alles zu erklären ist nett gemeint, aber es gewöhnt ihnen das Denken ab!
- Wenn ich ihnen alles erkläre, muss ich mich nicht beschweren, dass sie sich dann irgendwann darauf verlassen, dass ich für sie denke!
- Wer zu viel hilft, macht also die anderen schwach!
- Führungsaufgabe ist es, den Mitarbeitern zu helfen, ihre Kompetenz zu erkennen und sie <u>selbst</u> anzuwenden!
- <u>What you think is what you get:</u>
<u>Denkst du, sie sind blöd, und behandelst sie auch so, dann werden sie sich auch blöd verhalten; denkst du aber, sie sind schlau, und behandelst sie so, dann werden sie sich auch schlau verhalten</u>.

Lektion 6

- Wer kein Problem hat, weiß auch nicht, wo er nach einer Lösung suchen soll.
- Man muss deshalb sicherstellen, dass dem Mitarbeiter das Problem, welches man gelöst haben möchte, wirklich klar ist.
- Wenn man es an dieser Stelle erreicht, dass der Mitarbeiter das Problem selbst formuliert, ist das wirkungsvoller, denn ...
    - ... wenn die Führungskraft mit dem Problem konfrontiert, kann es wie ein Angriff wirken, und man verliert Zeit damit, dass der Mitarbeiter sich im Reflex verteidigt.
    - ... wenn der Mitarbeiter das Problem dagegen selbst benennt, fällt die Verteidigung weg, weil er keinen Angriff erlebt.
- Außerdem hat man in diesem Fall die Möglichkeit, zu loben, obwohl etwas noch nicht gut läuft: Immerhin hat der

Mitarbeiter gerade eine wichtige Selbsterkenntnis entwickelt und ein Problemfeld offen eingestanden; auch für dieses Verhalten sollte er Lob (Leckerli!) bekommen, denn auch dieses Verhalten möchte man gerne häufig sehen!

- Wenn ich möchte, dass der Mitarbeiter sein Problem benennt, muss ich ihn vorsichtig dorthin führen:
  - Erst frage ich allgemein,
  - wenn keine klare Reaktion kommt, werde ich konkreter und baue eine Brücke.
- Wenn der Mitarbeiter sagt, alles wäre in Ordnung, sollte ich das vorsichtig infrage stellen.
  - Ich kann die Aussage »Alles ist in Ordnung« durch meinen Tonfall anzweifeln.
  - Ich kann die Aussage übertreiben: »Alles ist perfekt? Wirklich alles? Zu hundert Prozent perfekt?«
- Sobald der Mitarbeiter einlenkt, kann ich …
  - … ihn für seine Offenheit loben,
  - … nachfragen, was genau nicht perfekt ist, damit er es selbst deutlich ausspricht – und dann
  - … zum nächsten Schritt überleiten, indem ich Lösungsideen erbitte oder zunächst noch den Sinn der Angelegenheit mit ihm herausarbeite.

Plan B

- Dialog und Fragetechnik ist gut, kann jedoch von einzelnen Mitarbeitern ausgenützt werden, indem diese sich blöd stellen.
- Für solche Mitarbeiter benötigt man einen Plan B: Wenn der Mitarbeiter drei- oder viermal so tut, als wäre alles bereits perfekt, muss die Führungskraft mithilfe einer Ich-Botschaft klar Stellung beziehen: »Sie sagen, es ist alles perfekt – das sehe ich anders!«
- Zur Ich-Botschaft:
  - Sie gibt die persönliche Meinung der Führungskraft wieder und ist aus diesem Grund nicht diskutierbar.

- Manche Chefs führen nur mit Ich-Botschaften.
- Mein Weg des Dialogs ist sanfter, er braucht nur als »Sicherheitsnetz« die Ich-Botschaft.
- Demokratie ist gut, aber zwei Werkzeuge sind besser als eines.

- Ein weiteres Werkzeug in der Kiste ist die Metakommunikation:
  - Metakommunikation beschreibt das Gespräch darüber, wie man miteinander redet oder miteinander umgeht.
  - Anstatt über den gerade anstehenden Inhalt (Sauberkeit, Freundlichkeit, Abschriften) zu diskutieren, tritt man einen Schritt zurück und thematisiert die Art und Weise des Umgangs.
    Das ist immer dann sinnvoll, wenn man merkt, dass der Inhalt, über den man spricht, nur das vorgeschobene Thema darstellt und eigentlich der Umgang das wesentliche Problem ist.

Der Kern

1. Erst die Diagnose, dann die Therapie.
2. Vom Problem zur Lösung.
3. Es kommt immer darauf an: Wer hat den Ball?

Dank

Zunächst gilt mein Dank Cristian Baio. Als wir vor einigen Jahren über Können und Wollen sprachen und über die Frage, wer den Ball hat, sagten Sie: »Wo kann ich das nachlesen? Nirgends? Dann *müssen* Sie darüber ein Buch schreiben!«

Danke für den Impuls, lieber Herr Baio, ich hoffe, das Ergebnis gefällt Ihnen!

Dann danke ich den Tausenden von Führungskräften, die in meinen Seminaren und Coachings immer wieder nachgefragt haben, sodass am Schluss das, was Martin Dampf zu lernen hatte, als Kern übrig blieb. Ich habe so viele Führungskräfte kennen gelernt, die unter den Mitarbeitern »mit Alzheimer« leiden, und die erklären und erklären, und wieder erklären ... – sie meinen es alle gut, doch indem sie *zu viel helfen*, gewöhnen sie ihren Mitarbeitern das Denken ab. Zu entdecken, dass sie selbst etwas daran ändern können und dass sie es danach leichter haben, dass sie weniger tun müssen bei zugleich besserem Ergebnis ihrer Abteilung, ist für viele eine fast berauschende Erfahrung.

Ich danke auch meiner Frau Maren, die alle Kapitel lesen musste und zum Glück auch lesen wollte, um mir ein kritisches Feedback zu geben. Und die einige Wochen unserer Zeit an dieses Buch abgegeben hat, weil sie wusste, dass es mir Spaß macht, es zu schreiben.

Ein ganz besonderer Dank geht an Wilhelm. Wilhelm Gerl, aus Bayern ...

Diplom-Psychologe, Hypnosetherapeut, Coach.

Lehrer, Vorbild, Freund.

Über den Autor

Thomas Fritzsche, geb. 1961 in Stuttgart, studierte Psychologie an der Justus-Liebig-Universität Gießen. Er schloss das Studium 1988 mit Diplom ab.

Seit 20 Jahren ist er als Trainer und Coach von Führungskräften erfolgreich tätig. Seine Schwerpunkte sind Seminare zu den Themen Mitarbeiterführung und Verhandlungsführung. Sein Markenzeichen ist das Vermitteln von angewandter Psychologie im Businessalltag. Er hat 1998 die Marke TOMplus geschaffen, ein von ihm gegründetes Trainernetzwerk mit prinzipiell psychologischer Fundierung.

Kenntnisse und Erfahrungen als Psychologischer Psychotherapeut, seit 1991 in eigener Praxis, fließen hier unmittelbar mit ein. Fritzsche absolvierte Ausbildungen als Verhaltenstherapeut, systemischer Therapeut, Hypnotherapeut sowie später als systemischer Organisationsberater und »Mental Trainer«.

Er hat einen Lehrauftrag zum Thema »Hypnotische Kommunikation« an der Justus-Liebig-Universität. Thomas Fritzsche ist zu seinen Kernthemen Sprecher auf internationalen Kongressen.

Er ist Autor zahlreicher Veröffentlichungen, unter anderem der Bücher »Souverän verhandeln« (2013) und »Die Impact-Strategie. Führen für Fortgeschrittene« (2014).

Literatur

Bem D.: *Self-perception theory.* In: L. Berkowitz (Hg.) Advances in experimental social psychology, 6, S. 1–62. New York: Academic Press, 1972

Benson H.: *Socratic Method.* In: Donald R. Morrison (Hg.): The Cambridge Companion to Socrates. Cambridge: Cambridge University Press, 2011

Freedman J. L. & Fraser S. C.: *Compliance without pressure: The foot-in-the-door technique.* Journal of Personality and Social Psychology, 4, 195–203, 1966

Fritzsche T., Fürst A. & Rathsfeld E.: *Die Impact-Strategie. Führen für Fortgeschrittene.* Bern: Hans Huber, 2014

Fritzsche T.: *Souverän führen* (Arbeitstitel). 2016

Hersey P. & Blanchard K.: *Management of Organizational Behavior.* 4. Auflage. New York: Prentice-Hall, 1982

Hüther G.: *Was wir sind und was wir sein könnten.* Frankfurt: S. Fischer Verlag, 2011

McGrath J. & Bates B.: *Der 5-Minuten-Manager. Die wichtigsten Management-Theorien auf den Punkt.* Kulmbach: Verlag Börsenmedien, 2014

Sherman S. J.: *On the self-erasing nature of prediction.* Journal of Personality and Social Psychology, 35, 211–221, 1980

Wirtz M. (Hrsg.): *Dorsch – Lexikon der Psychologie.* Bern: Huber Verlag, 2014